教育部人文社会科学研究青年项目（20C10856015）

城市公园有机秩序化设计

张子然　著

东华大学出版社·上海

图书在版编目（CIP）数据

城市公园有机秩序化设计 / 张子然著． -- 上海 ：
东华大学出版社， 2023.5
ISBN 978-7-5669-2209-0

Ⅰ．①城… Ⅱ．①张… Ⅲ．①城市公园－园林设计
Ⅳ．① TU986.2

中国国家版本馆 CIP 数据核字（2023）第 068993 号

系列设计：王建仁

责任编辑：张　煜

城市公园有机秩序化设计

张子然 著

2023 年 7 月第 1 版
2023 年 7 月第 1 次印刷

东华大学出版社出版
上海市延安西路 1882 号　　　邮政编码：200051
上海盛通时代印刷有限公司印刷
新华书店上海发行所发行
开本：889×1194 1/16　　　印张：20
字数：570 千字

ISBN 978-7-5669-2209-0

定价：97.00 元

前　言

　　为了构建更理想的城市公园，设计界的学者们将目光从"自上而下"的宏观理论转而投向"自下而上"的实践研究视角，更关注人性化、情感化、通用性等人本领域的研究，以改善和解决使用者作用于空间环境后产生的各类矛盾现象。但由于城市公园使用者的多样性、空间环境的复杂性、时间变化的异质性带来的各类不确定因素，城市公园中的"非人性化"设计困惑依旧存在，"设计师认知"与"用户认知"间的错位问题在城市公园中随处可见。

　　文献研究发现，自 2000 年以来，我国关于城市公园的设计研究多数集中在环境、行为、心理、美学等方面"如何做到人性化"问题的探讨上，却忽视了"时间"维度的重要性。本书在"有机秩序"思想的引导下，剖析了人、时间、空间三者间不可分割的关系，提出将有机秩序中的"时间"维度引入城市公园设计。

　　书中基于城市公园空间中的各类行为现象，运用问卷及人流量统计的方法，探索空间行为与时间的关系，以探讨"时间如何分层段"，总结归纳出空间行为的时间分层段现象。其次，通过空间活动的有机形态统计，对公园中活动的人群进行类型分析。最后在时间分层段研究及人群分类结果的基础上，通过改进由威廉 · 伊特尔森 (William H.Ittelson)"行为标记法"发展而来的"行为注记法"，得到了"分时空间行为注记法"。在研究实践中选择上海的城市公园作为研究对象，将"分时空间行为注记法"应用于不同季节、不同时间段、不同公园中展开大量调研，分析比较其结果后，提炼出城市公园中有机秩序的时间分层段结构，总结归纳了基于时间分层段结构的城市公园宏、中、微观有机秩序模式，探讨了如何将研究结论应用于设计实践的有效策略。

　　本书基于"时间分层段"的视角，探索城市公园设计策略在"时间"维度上延伸的可能性，应用创新的"分时空间行为注记法"结合实证分析，提出基于时间分层段结构的城市公园宏、中、微观有机秩序模式的理论框架，为提升城市公园设计领域拓展了新的路径。

张子然

2023 年 2 月

目　录

第一章 景观与城市公园设计概述 01

　1.1 景观设计 02

　　1.1.1 景观设计的起源 02

　　1.1.2 当代景观设计方法概述 03

　　1.1.3 HistCite 解析当代景观设计方法 09

　1.2 城市公园设计 11

　　1.2.1 城市公园设计的起源 12

　　1.2.2 西方城市公园设计理论 14

　　1.2.3 我国从古典园林到城市公园的时代变迁 20

第二章 城市公园的有机秩序化设计理念 29

　2.1 人、空间、时间——有机秩序的三个重要维度 30

　　2.1.1 有机秩序的提出 30

　　2.1.2 空间与时间 34

　　2.1.3 人与空间 35

　　2.1.4 人与时间 36

　　2.1.5 人、时间、空间三者的不可分割性 37

　2.2 城市公园的有机秩序 43

　　2.2.1 城市公园有机秩序的内涵 44

　　2.2.2 城市公园有机秩序的构成要素 46

　　2.2.3 城市公园有机秩序的时间分层段结构 48

2.2.4 城市公园有机秩序的形成机制 50

2.3 城市公园有机秩序化设计的内涵与价值 52

2.3.1 城市公园设计中的困惑 52

2.3.2 城市公园有机秩序化设计的内涵 57

2.3.3 城市公园有机秩序化设计的价值 59

第三章 城市公园中的有机秩序模式 61

3.1 以小群体为主动力的空间行为模式 62

3.1.1 城市公园中以小群活动为主的空间行为 62

3.1.2 有组织型小群体 71

3.1.3 自聚集型小群体 73

3.1.4 三类群体间的相互转化及渗透 74

3.2 城市公园空间行为的时间分层段结构 76

3.2.1 空间行为的时段型分层段结构 77

3.2.2 空间行为的平假日型分层段结构 87

3.2.3 空间行为的季节型分层段结构 93

3.3 城市公园有机秩序模式——人、空间、时间之间的关系 100

3.3.1 城市公园微观有机秩序模式 100

3.3.2 城市公园中观有机秩序模式 105

3.3.3 城市公园宏观有机秩序模式 106

第四章 城市公园有机秩序化设计方法 116

4.1 城市公园有机秩序化设计方略 117

4.1.1 基于空间活动时间分层段结构的设计调研和定位 117

4.1.2 时间分层段视阈下城市公园有机秩序化设计程序 118

4.1.3 微、中、宏观的实效性一体化有机秩序建构................................ 119

4.2 基于微观有机秩序模式的城市公园设计方法 120

4.2.1 基于平假日式有机秩序模式的城市公园设计分类 120

4.2.2 基于时段式有机秩序模式的公园空间布局设计........................ 126

4.2.3 不同类型公园空间布局设计的差异化原则 130

4.3 基于中观有机秩序模式的城市公园设计方法 131

4.3.1 基于冬——夏循环交替式有机秩序模式的空间小气候设计 132

4.3.2 基于冬——夏循环交替式有机秩序模式的公园设施设计 135

4.4 基于宏观有机秩序模式的城市公园设计方法 137

4.4.1 基于螺旋上升模式的公园选址及入口位置设置 138

4.4.2 基于螺旋上升模式的围墙级邻近功能区的设计 145

4.4.3 基于螺旋上升模式的维护与修缮周期建议 148

第五章 城市公园有机秩序研究的方法 149

5.1 主要研究框架与路径 150

5.1.1 城市公园有机秩序的总体研究框架 150

5.1.2 影响城市公园中空间行为的干扰因素分析 151

5.1.3 城市公园有机秩序中的时间分层段结构研究路径 158

5.2 基于人口密度及公园面积的二阶抽样原则 162

5.2.1 基于人口密度的等距抽样原则 163

5.2.2 基于公园面积的分类抽样原则 165

5.2.3 抽样结果 166

5.3 主要研究方法 167

5.3.1 基于问卷法的空间行为时间分层段研究初探 167

　　　　5.3.2 基于分时人流量统计法的空间行为时间分层段结构 186

　　　　5.3.3 基于小群体活动有机形态的空间行为聚类法 195

　　　　5.3.4 分时空间行为注记法 198

第六章 城市公园有机秩序研究的主要工具 205

　　6.1 小群体活动有机形态记录表及研究实践 206

　　　　6.1.1 小群体活动有机形态记录表设计 206

　　　　6.1.2 小群体活动有机形态研究的实施 210

　　　　6.1.3 上海城市公园中小群体活动有机形态研究结果 212

　　6.2 分时空间行为注记地图应用实践 225

　　　　6.2.1 分时空间行为注记地图设计 225

　　　　6.2.2 分时空间行为注记法研究的实施 229

　　　　6.2.3 上海城市公园分时空间行为注记结果 231

　　6.3 ArcGIS 软件可达性分析实践 239

　　　　6.3.1 基于网络爬虫软件获取地理位置数据 240

　　　　6.3.2 基于 ArcGIS 软件的可达性分析实施 245

　　　　6.3.3 基于 ArcGIS 软件的上海城市公园可达性分析结果 250

结语 263

致谢 265

附录一 267

附录二 269

附录三 272

参考文献 278

第一章 景观与城市公园设计概述

1.1 景观设计

我国城市化进程日趋成熟，人口老龄化问题日益凸显，城市人口身心健康问题、城市气候变化和内部建设问题，促使城市规划设计研究开始逐渐聚焦于设计驱动健康生活方式及赋能城市公共空间活力等相关问题。通过文献研究准确认识景观设计的演进过程及发展趋势，有助于后续对于隶属于景观设计范畴的城市公园设计提供参考和方向性指导，因而其研究具有重要的理论意义。

1.1.1 景观设计的起源

景观设计的起源可以追溯到古代。在西方，早在公元前 7 世纪，古希腊人就已经开始了庭院设计，这些庭院通常坐落于住宅的中心，给人们提供安静空间用来休闲和娱乐。随着时间的推移，设计理念不断发展，景观设计目的也不断演变。

5~15 世纪，大教堂和修道院等建筑物也被设计成了景观。在这个时期，景观设计开始关注城市规划和建筑，关注如何在城市环境中营造一个安静的户外空间环境。在这个时代，城市的设计特别注重公共空间的作用，以便满足市民的需求，这些空间是市民交流、娱乐和商业交易的场所。

17 世纪，景观设计在欧洲迅速发展，这一时期的景观设计多以庭院设计为主，专注于创造美丽的、平衡的环境，并将建筑物与景观结合在一起。

19 世纪，景观设计开始重视城市绿地的设计，同时关注城市公园设计。随着全球化的发展，在这一时期，如何通过提高城市环境的质量来提高城市居民的生活质量成了国内外景观设计师们探讨的热点。

在我国，景观设计的起源一直以来备受争议。有些人认为，最早供帝王狩猎和游憩的游囿及行宫的建造，可视为我国早期的景观设计；有些人则认为南宋时期对杭州西湖景观的规划和改造以及百余年前对于黄山自然风景区的改造设计是我国景观设计的开端。园林设计作为景观设计重要的组成部分，其发展历史及沿革在一定程度上也展现了我国景观设计的发展史，该部分将在下一小节着重展开，此处不再赘述。

1.1.2 当代景观设计方法概述

城市公园设计既涉及景观设计，又属于公共空间设计范畴。景观设计是指以美化环境为目的，通过对自然和人文环境的规划、设计、建设和管理，创造出具有美感、人文、生态、功能等特点的景观空间。而公共空间设计则是指以人们的集体需求和公共活动为基础，通过规划、设计、建设和管理等手段，创造出适宜公共活动、有利于社会互动和交流的空间。

城市公园设计，既需要考虑景观美学的要素，如景观的形式、颜色、材质、植被等，也需要考虑公共空间的功能和使用需求，如活动空间的设置、通道的设计、公共设施的配置等。因此，城市公园设计可以看作是景观设计与公共空间设计的综合体现，旨在营造出美观又实用的公共空间。

本小节从景观设计、公共空间设计两个方面对其设计方法进行总结归纳，为后续研究城市公园的有机秩序化设计奠定理论基础。

1.WOS 数据库的文献分析

在进行当代文献的分析研究时，大量现代化的数字图书及期刊资源技术的涌现，使传统描述性文献研究法逐步转型为更为科学高效的文献计量法，该方法运用各类文献计量软件，能够实现文献间的脉络梳理、引文分析、趋势分析等，并以信息可视化的方式将研究领域的核心热点及发展趋势呈现出来，从而帮助研究人员更为宏观地了解领域内研究方向，更准确把握新兴领域的发展态势。

本小节借助 HistCite 及知网中的文献计量工具对国内外公共空间设计的研

究趋势进行全面分析，数据采集自 Web of Science（WOS）核心数据库中的外文文献及知网数据库中的中文文献，文献检索时段截至 2023 年 1 月 ~2 月。

由于国内外词汇含义的差异性，在 WOS 数据库中进行文献检索时，为了尽量避免遗漏，对于"景观"的关键词选取了"Landscape*"、"Landscape architecture"及"Scenic"。对于"设计方法"一词选取了"Design Approach"、"Design Method"及"Design Strategy"，其中为了使"Method"一词包含"Methodology"及"Methods"等同词根词汇，因此将其转变为"Method*"。最终检索式设计为：TS=（Landscape OR Landscape Architecture OR Scenic）AND (Design Approach OR Design Method* OR Design Strategy)，共获 28 869 篇文献。

经分析，WOS 数据库中（图 1.1-1），公共空间设计方法的研究多来自美国（9 177 篇）、中国（4 359 篇）、英国（2 745 篇）、德国（2 284 篇）、澳大利亚（1 886 篇）加拿大（1 762 篇）、意大利（1 706 篇）、法国（1 348 篇）、西班牙（1 321 篇），我国相关研究的文献数量位居第二，其他多为欧美等发达国家，由此可见，我国在公共空间设计方法的研究方面，紧跟世界步伐。

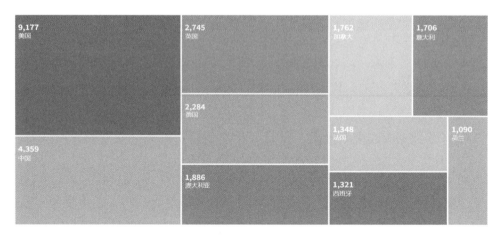

图 1.1-1 景观设计方法来源研究（WOS 数据库排名，按国家排序）

用 WOS 数据库中的文献分析工具，对于所获 28 869 篇文献进行引文主题分析（表 1.1-1），检索结果文献所属 WOS 文献类别分别为：环境科学（4 247 篇）、生态学（3 671 篇）、环境研究（3 008 篇）、多学科科学（2 144 篇）、城市研究（1 589 篇）、地理物理学（1 383 篇）、建筑学（1 347 篇）、地理学（1 291 篇）、绿色可持续科学技术（1 261 篇）、区域城市规划（1 194 篇）等，基本涵盖了建筑与风景园林及其交叉学科的各类研究方向。

表 1.1-1 检索结果（WOS 类别统计，前 10）

WOS 类别	记录数	文献占比
环境科学	4 247	14.71%
生态学	3 671	12.72%
环境研究	3 008	10.42%
多学科科学	2 144	7.43%
城市研究	1 589	5.50%
地理物理学	1 383	4.79%
建筑学	1 347	4.67%
地理学	1 291	4.47%
绿色可持续科学技术	1 261	4.37%
区域城市规划	1 194	4.14%

2. 人性化公共空间设计思潮

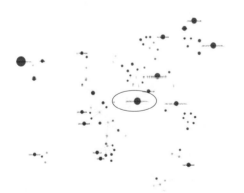

图 1.1-2 知网搜索"公共空间设计"结果的文献互引网络计量分析

图 1.1-3 关键词共现网络分析图

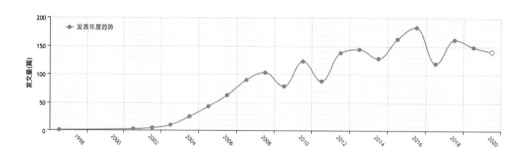

图 1.1-4 知网 "人性化公共空间" 发文量整体趋势图

我国公共空间设计思潮的研究，体现在学者们探讨"公共空间设计"相关问题时相互影响关系的研究。本文中我国公共空间设计思潮的研究，主要通过选择知网上的中文文献作为分析对象，使用知网自带的文献计量工具进行分析，其具体过程如下：

首先，在知网中输入检索条件为主题关键字"公共空间设计"或含"开放空间设计"进行检索后，共计获得 5 051 条结果。其次，选择相关度高的前 500 篇中文文献做互引网络计量分析。按照关系强度为 1 的节点进行过滤，其结果如图 1.1-2 所示。该文献计量分析图所表示的是被分析的文献之间互相引用的关系强度网络，网络中心位置的文献为被计量文献中共同引用来源，可视为包含该关键字的文献所共同推崇的关键理论。由分析结果可以看出，关于公共空间设计的研究主要集中在以《人性场所》[1]一书中所述理论为代表 (图中红圈标记) 的探索公共空间人性化设计方法。最后，从图 1.1-3 的关键词共现网络分析图中可以看出，"人性化""以人为本""人性化设计"是与公共空间研究密切相关的研究方向。知网中"人性化公共空间"相关内容的发文量整体趋势在图 1.1-4 中显示，观察该趋势图不难发现，该类论文的发文量在 2016~2019 年间虽有小幅回落趋势，但在 2002~2020 年间，其整体态势呈上升状态。这说明，近 10 年以来国内学术界对于公共空间人性化设计的关注度持续增长。

近年来，我国人性化公共空间的研究主要集中在建筑设计、城市公共空间、景观园林、规划设计等领域。张婧[2]、宋婷婷[3]、曹建丽[4]、陈东东[5]等人通过对商业模式、建筑空间及人类心理活动特征等方面的研究，探讨了我国商业建筑公共空间中存在的设计问题，并结合人性化设计的理念，提出了针对商业公共空间切实可行的设计方法及建议。高静[6]、姚晓彦[7]、赵宝静[8]、陈泳等[9]、张倩等[10]分别从城市生活视角出发，对人性化街道设计的尺度需求、人文关怀、景观舒适性、交通系统建设等微观层面的因素进行了深入探索，提出街道的设计不应仅考虑车行交通，而应更多地关注人们对于步行空间的需求。谭蓓[11]、姜远[12]、常成等[13]、林海等[14]、陈准等[15]研究了公共空间家具设计的人性化原则，尤其对座椅、电话亭、道路标示系统、路灯等公共设施的设计问题进行了相关案例的剖析。高校公共空间的人性化研究，主要集中在图书馆[16]、教学楼[17][18][19]等校园中常见的公共空间的设计方法的建构，在基于充分了解大学生行为心理需求的基础上，深化校园公共空间人文内涵并同时满足对应的功能需求。张广平[20]、邹德慈[21]、林纪[22]、韩瑞光[23]等人分别从人性化空间营造、人性化景观、人性化景观规划等角度提出了人性化城市公共空间的设计方法，钟旭东[24]、林立柱[25]、吕明娟[26]、海伦·伍勒等[27]强调城市公共空间人性化设计的迫切性、重要性。

3. 基于美学理论的景观空间

"人"与"美"的关系，一直是关注美学理论的学者们长期研究的话题。对于景观空间之美与人性化关系方面的研究，其理论大致从两个方面展开：人对空间的美学认知、空间美学中的人文价值。Junge[28]等以农作物、牧场、高密度阜地及生态补偿区域等具有代表性的照片为基础，调查了瑞士居民对不同季节农业景观元素的美学偏好，属于人对空间的美学认知范畴。美国心理学者Kaplan夫妇提出"风景审美模型"从"可解性"与"可索性"两个维度反映人对景观安全感及对未来的求知欲[29]。美国地理学者Ulrich提出了"情感/唤起"反应理论。凯文·林奇[30]的对于城市中的道路、边界、区域、节点、标志物及元素间的相互关系对人感官的影响而产生的印象。芦原义信[31]用格式塔心理学诠释了建筑轮廓所构成的景观在水边行程的"弯曲景"，并强调了"积极空间"与"消极空间"相互转换的关系就如"图形"与"背景"之间的格式塔特质一般。王云[32]等在研究中提到了：不同景观类型、不同景观特征、不同人群、不同地域、不同文化、不同心理状况等都会影响美学感知效果。

空间美学人文价值具代表性的是经验学派的学者，他们强调人的作用，把风景审美看作人的个性及其文化、历史背景、志向和情趣的表现[33]。价值论建筑美学认为建筑之美既不取决于建筑客体，也不取决于主体，而是存在于主、客体等构成的复杂价值关系之中[34]。中国文化的价值取向是讲究顺从自然、依附自然。春秋时著名思想家老子就提出"道法自然"，已朦胧意识到人的行为要尊重自然规律。建筑作为社会文化取向的物质形态表达，很明显反映出这一点[35]。王晓燕[36]从中国"天人合一"的文化价值角度剖析了新中式建筑所体现的传统空间美学思想。徐贤杰、林振德[37]通过传统哲学与现代文化的对比揭示了中国城市公共空间几千年来的变迁及现代城市中缺乏"天人合一"的人性化思考。常成和史津[38]从人文的新视角探讨城市公共空间无障碍设施设计策略。鲁天义[39]从我国现代城市广场的规划和建设入手，通过历史文脉的继承、地域特色的挖掘、文化内涵的表现等方面解析了我国现代城市广场设计存在的各类问题，提出继承并发扬历史文脉及人文根源的环境营造设计原则。刘书伶、刁艳[40]、曹瑞林、赵蕴真[41]等[42][43]人强调了城市景观及公共空间中人文关怀的缺失问题。

4. 基于环境行为学理论的人性化空间

从国外的相关研究看，一些经典的著述，如凯文·林奇的《城市意象》[30]，从"意象力"的角度论述了城市公共空间的视觉形态与人类社会文化之间的紧密关系；扬·盖尔的《交往与空间》[44]、克莱尔·库柏·马库斯与卡罗琳·弗朗西斯合著的《人性场所》[1]、拉尔斯·吉姆松合著的《公共空间·公共生活》[45]和《新城市空间》[46]，主要从人本主义的角度出发，基于人在公共空间中的社会性行为观察而得出一系列以人为本的设计理念；唐纳德·A·诺曼在他的《设计心理学》[47] 一书中强调了对于"用户认知"理性分析的重要性，并大量例举了认知科学理论在设计中的实践应用。

在我国，城市公共空间是一个比较新的研究课题，20 世纪 80 年代初开始至目前，我国关于城市设计的理论与方法研究成果已比较丰富，多数集中于从宏观的空间构成及形式探讨空间的设计理论。如齐康主编的《城市建筑》[48]、黄亚平的《城市空间理论与空间分析》[49] 等，对城市的开敞空间设计理论及方法进行了大量论述；王建国发表的《现代城市设计理论与方法》[50] 对城市设计的本质及其理论与应用方法的辩证关系进行了探寻；吴良镛院士提出了以建筑、园林、城市规划的融合为核心的人居环境科学的学术框架，并将公共空间系统列为重要的研究对象 [51]。李道增在他的《环境行为学概论》一书中将空间行为分为微观、中观、宏观三个层面[52]。其中微观的空间行为是围绕个人空间与环境、小群生态两部分而展开的探讨；中观空间行为包括家与邻里两个层次；宏观空间行为指的是离家的活动范围，包含了除中观空间外日常去的空间、城市地区甚至世界范围，其理论皆围绕环境与行为之间的相关关系展开研究。

1.1.3 HistCite 解析当代景观设计方法

由于在上述 WOS 数据库检索关键词时的设置较为宽泛，因此检索文献结果数量过大，不便深入分析，在避免相关性较强的文献被遗漏的前提下，我们按照相关性进行降序排列后，选取相关性最高的前 10 000 篇文献进行数据导出，并使用 Histcite Pro2.1 软件对其进行分析。基于 LCS（Local Citation Score）排序选取显示本地被引次数排名前 100 的文献做关系图谱可视化分析（图 1.1-5）后发现，文献之间的互引关系被分成了 1 个主要分支和 3 个次要分支。

主要分支中，左边的一组文章为景观质量评价类文章，较为早期的具有影响力的是编号为 401 的一篇关于 21 世纪的视觉景观质量评价策略，提倡采用心理物理方法，在景观质量评估系统的生物物理和人类感知 / 判断部分之间提供更适当的平衡[53]。1333 号文章在此基础上于 2009 年提出了水景美学的视觉质量评价法[54]。此两项研究对于 2012 年的 2228 号文章产生深远影响，并将该方法应用于中国常州农村居住区绿色景观视觉质量评价中[55]。

主要分支的一组文章是以 2008 年编号为 1128 的论文展开的关于景观生态学方面的研究。1128 号文的作者 Nassauer JI. 和 Opdam P. 在他们《科学设计：扩展景观生态学范式》[56] 中提出了景观生态学模式——过程范式应该扩展到设计维度，将设计模式置于景观生态学中，使其成为推动景观生态发展的一个组成部分。1348 号文献以文化规范与生态设计为核心展开的讨论，提出了景观外观的文化规范可能会影响城市外住宅景观对生态设计的偏好和采用的观点，并同时产生邻里之间景观偏好的相互影响[57]。2315 号文献提出了以景观为媒介的方法和城市生态设计的两个规律和两个相关原则[58]。2013 年发表的 2746 号文献提出发展景观可持续性科学的框架，并详细定义了景观的可持续性内涵和意义[59]。

其次是以 2007 年 944 号和 984 号文献引领的较为次要的第二支系（最右侧）：景观遗传学分支。944 号文献提出了将"景观"放于景观遗传学中的理念，定义了景观遗传学的概念，并讨论了该领域的未来方向，是一篇关于景观遗传学文献的综述。984 号文献基于地理信息系统（GIS）、环境变量和分子数据的贡献，提出了一种基于空间分析的检测自然选择特征的新方法（SAM 空间分析法）[60]。1302 号文献分析了抽样方案对景观遗传结果的影响[61]。2046 号文章分享了景观上的适应性遗传变异的方法和案例[62]。2699 号文章汲取了该分支上的众多观点后，分析了景观遗传学中的个体扩散、景观连通性和生态网络[63]。

另外两个次要分支分别是以 359 号文献和 547 号文献引领的两个体量较小的分支。其中，547 号文献通过农业工业建筑的外观颜色分析，提出了一种计算机辅助的景观整合方法[64]。之后，783 号在此基础上通过农工建筑材料和外部纹理分析提出了景观整合的光分析方法[65]。另一分支中的 359 号文献是关于生物的系统保护规划[66]，与本研究无相关性，不作深入讨论。

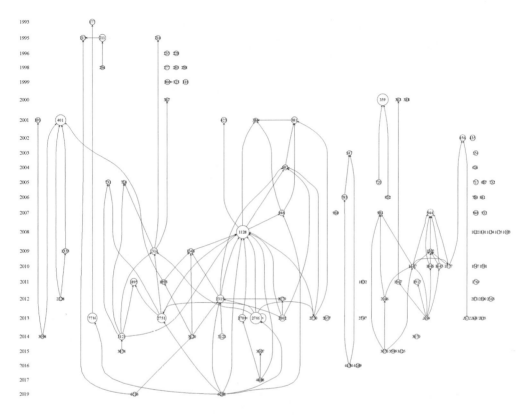

图 1.1-5 景观设计类文献关系图谱可视化分析

1.2 城市公园设计

　　城市公园是位于城市范围之内经专门规划建设的绿地，是供居民观赏、休息、保健和娱乐等的公共空间，主要起到美化城市景观面貌、改善城市环境质量、提高城市防灾减灾能力等作用[67]。学术界对城市公园尚无统一的概念界定，但通过分析《中国大百科全书》《城市绿地分类标准》（CJJ/T85-2002）及国内外学者对其进行的概念界定，可以看出城市公园包含以下几个方面的内涵：首先，城市公园是城市公共绿地的一种类型；其次，城市公园的主要服务对象是城市居民，但随着城市旅游的开展及城市旅游目的地的形成，城市公园将不再单一地服务于市民，也服务于旅游者；再次，城市公园的主要功能是休闲、游憩、娱乐，而且随着城市自身的发展及市民、旅游者外在需求的拉动，城市公园将会增加更多的休闲、游憩、娱乐等主题的产品 [68]。

《城市绿地分类标准》(CJJ/T 85-2002) 对城市绿地进行系统分类，这也是目前中国城市公园分类的唯一国家标准。公园主要分为五类：综合公园、社区公园、专类公园、带状公园及街旁绿地公园。而这 5 类公园又分别被划分为：全市性公园与区域性公园；居住区公园与小区游园；儿童公园、动物园、植物园、历史名园、风景名胜公园、游乐公园及其他专类公园；带状公园和街旁绿地公园没有下级分类。[69]

城市公园设计是指针对城市中的公园进行规划和设计，使其具有美观、实用、可持续等特点的过程。其设计的目的是提供城市居民休闲、娱乐、运动和社交等活动的场所，并为城市居民提供身心健康和社交互动的机会。城市公园设计需要考虑公园的定位、空间布局、景观元素、绿化植被、设施设备等方面的因素，同时也需要考虑公园的可持续性和适应性，以满足未来城市发展的需要。城市公园设计不仅关注公园本身的设计，还需要考虑公园与城市其他部分的连接和交互，以便服务城市居民。

1.2.1 城市公园设计的起源

关于城市公园的设计研究理论的起源，有不同的说法和观点。其中一种观点认为城市公园的设计研究始于 18 世纪的英国 [70][71][72]，这一时期的公园多以英国浪漫主义公园为代表，其特点是大量的树木、水景、建筑和雕塑等元素（图 1.2-1）。从 18 世纪末到 19 世纪中期，随着工业革命的兴起，城市的发展速度快速提升，空气污染和环境恶化成为城市生活的一大问题，当时的城市地区空气污染严重，影响了居民的生活质量（图 1.2-2）。因此，对改善空气质量的需求以及对公园作为提供清新空气的场所的需求，都增加了城市公园建设的迫切性，一些城市公园也就应运而生了。随着时代的演进和城市公园功能的不断扩展，人们越来越意识到城市公园对于生活的重要性。随着对公园设计的理念和技术的探索和实践，这种设计风格最终形成了现代公园设计的基础。

图 1.2-1 18 世纪英国的公园
图片来源：大英图书馆网络相簿

图 1.2-3 《朱利叶斯大人》马赛克绘画，展示了一个乡村庄园的生活场景，作品出自 Carrhage，现在藏于突尼斯的 Bardo 博物馆 [76]

图 1.2-2 来自喀萨尔摩尔的曼彻斯特，William Wylde, c. 1850s.
图片来源：维基百科

另一种观点则认为城市公园的设计研究可以追溯到古代[73][74][75]，例如古希腊和古罗马的公共空间设计。古希腊城市有很多被称为 "Gymnasia" 的公园，其中包括运动场地和室内温泉浴场。在古罗马时期，公园和庭院是非常常见的（图1.2-3）用作休息和娱乐的场所。古罗马城市也有许多公园，如动物园、花园和游乐场。当时人们将园林设计作为一种文化艺术形式。到了中世纪，园林设计理念重新发扬，并开始被认为是一种象征财富、权力和地位的文化传统。直到19世纪末，城市公园才在西方开始被广泛认识和推广，并成为城市公共空间的重要元素。

20世纪初，随着工业化的进展，城市公园的设计理念开始发生变化，设计师开始把重点放在公园的功能性和环境质量上，以满足人们的需求。景观设计学派开始兴起，强调景观设计在社会、环境、经济等方面的多维影响。20世纪50年代，城市更新学派开始出现，强调城市公园对城市环境的重要性。同时，社会学派和环境心理学派也逐渐发展起来，强调公园对社会的影响和人们对公园的心理需求。

21世纪初，公园设计理论不断发展，新的设计思想不断兴起，如叙事空间设计、以人为本的景观设计等，生态公园设计理念、认知景观设计理念等新兴设计理念的出现也影响了城市公园设计的方向。

1.2.2 西方城市公园设计理论

从19世纪末开始，西方国家对于城市公园设计方法的理论研究逐渐兴起，有不同的学派和流派。例如，新景观学派、景观建筑学派等。这些理论研究为城市公园设计的发展提供了重要的理论指导。

随着城市化进程的加速，城市公园作为人们提高生活质量的重要因素，开始受到越来越多的关注。19世纪晚期的城市公园设计研究可以说是从工业革命后城市化进程的一个产物，那个时期城市中有越来越多的城市居民需要公园来改善生活质量和环境，许多城市公园设计者和研究者开始提出各种关于城市公园设计的理论和方法，这些理论和方法在随后的几十年里得到了不断的完善和发展，主要的学术流派可归纳为：

景观设计学派：该流派强调城市公园作为城市景观的一部分，注重景观设计中的观感效果及公园的审美价值和美学体验[76][77]。

城市更新学派：该流派强调城市公园对于城市更新的作用，提倡将城市公园作为城市再生的重要手段，要注重公园对城市更新和环境改善的作用，主张以城市更新为导向的公园设计[78][79]。

社会学派：该流派强调城市公园作为城市社会生活的重要空间，应注重城市公园对于促进社会平衡和改善城市环境的作用。注重公园对城市社会生活的各类影响，主张以社会生活为导向的公园设计[80][81][82][83]。

环境心理学派：该流派强调城市公园对于人类心理健康和舒适的重要作用，提倡将城市公园作为改善城市环境质量的重要手段。并研究公园对人们心理健康的影响，主张以环境心理学为基础的公园设计[84][85][86]。

20世纪中期开始，随着城市环境的不断恶化，人们对城市公园的需求和重视程度不断增加，同时对公园环境、景观等方面的要求也在不断提高，推动城市公园设计理论不断发展和演变。在这个过程中，新的学术流派和设计理念不断出现。例如，可持续生态设计理念、认知景观设计理念等。

Ian L. McHarg 于 1989 年在 *The experience of nature: a psychological perspective* 一书中最早提出了生态设计理念，提倡以自然生态系统为基础的规划设计，建立与自然环境之间的相互关系，分析了城市化对环境的破坏和对未来发展的影响，提出了生态设计的理念和方法，为人们提供了一种在保护自然环境的同时实现城市发展的方法。*The Landscape of Man*[87] 是由 Geoffrey Jellicoe 和 Susan Jellicoe 于 1975 年出版的一本景观设计著作。该书的主要内容是探讨人类文化与景观之间的相互关系。书中提出了景观设计需要考虑人类文化、历史、地理和社会等多种因素，并强调了设计应该符合自然规律，以便更好地满足人们的需求。*Sustainable Landscape Construction: A Guide to Green Building Outdoors*[88] 是由 J. William Thompson 和 Kim Sorvig 合著的一本介绍可持续景观设计的指南，于 2004 年出版。此书着重介绍了景观设计如何与自然环境保持平衡，包括绿色基础设施、生态系统服务、再生能源和水资源管理等方面的内容。*Permaculture: Principles and Pathways Beyond Sustainability*[89] 是澳大利亚生态设计师大卫·霍尔姆格伦（David Holmgren）在 2002 年出版的一本著作。这本书主要介绍了生态设计的概念、原则和方法。作者提倡人们在进行设计和规划时要遵循自然生态系统的规律，采用生态学原理和策略来解决环境问题，并在设计中融入可持续性的理念。霍尔姆格伦在书中提出了"地域性自给自足"（Permaculture）的概念，并阐述了其设计原则和应用。书中还介绍了一些成功的生态设计案例，包括城市和乡村的规划、建筑设计、农业和园艺等方面。该书被认为是生态设计领域的经典著作之一，对推动生态设计理念的发展和实践具有重要的指导意义。

最早提出认知景观设计理念的著作是凯文·林奇在 1960 年出版的《城市意象》[90]（*The Image of the City*），这本著作是城市设计中认知理论的经典之作。这本书主要介绍了城市的五个基本元素——路径、边界、地标、节点和区域，探讨了人们如何认知城市并如何在城市中导航的方式。1989 年由 Rachel Kaplan 和 Stephen Kaplan 合著的《认知景观》（*The Experience of Nature: A Psychological Perspective*）[88]，该书旨在探讨自然环境如何影响人的行为和感受。在书中，作者提出了"自然"和"城市"环境的认知特征以及如何通过景观设计来改善人们的生活质量。Simon Schama[91] 研究了景观与记忆之间的关系，分析了人们如何通过景观去感知、表达和记录自己的历史和文化，探究了景观如何在人类文化和意识形态中扮演着重要的角色。Simon Bell[92] 提供了关于景观的模式、感知和过程的综合视角，强调了人们的知觉是在各种感官输入的基础上建立的，并讨论了人们如何根据其经验和感受与景观互动。Marc Treib[93] 提出了建筑和景观在个人和文化记忆中的作用，强调了空间记忆的重要性，并通过历史和文化案例研究，揭示了空间记忆在建筑和景观中的表现形式。*Landscape Narratives: Design Practices for Telling Stories*[94]（2012）一书提出了"景观叙事"概念，强调了景观设计的叙事性质，阐明了景观叙事的概念、理论和实践，并通过案例研究说明了景观叙事的应用。

到了 21 世纪，国际上对于城市公园的设计理论分为城市绿地与生命健康方面为主，城市绿化降温功效及空间舒适度研究为辅，以及城市绿化对于老年痴呆症的影响为次的研究趋势。通过 HistCite Pro2.1 进行文献计量分析，从量化科学的视角对于国外城市公园设计理论进行互引脉络分析。首先设置检索式为：TS=（urban park OR "green space" OR "city park" OR garden）AND (design approach OR design method*)，共获 4 008 篇文献。将这些文献资料导入 HistCite 后，按照 LCS 排名前 30 的文献进行图谱梳理，得到图 1.2-4 的可视化分析结果，其中圆圈的大小表示了文献被引次数的多少，圆圈中的数值标示了对应文献的编号。从图中，可以清晰地看出文献资料主要分成了两个支系，其中左边较为庞大的支系便是当今世界各国在城市公园设计理论方面的主流思想的集成。

图 1.2-4 中，左边较为庞大的支系是以 114 号文献为起点发展而来的关于城市绿地与生命健康方面的论文互引网络。2002 年所发表的 114 号文献论述了人口寿命与步行绿地的关系，强调了在城市化建设中绿地的重要性[95]。618 号文献是近 20 年以来，关于城市绿地的健康益处的一篇被引频次较高的综述类文章[96]。2006 年 Maas, Jolanda[97] 等人发表的绿色空间、城市化和健康之间的关系研究（258 号文献）及 2014 年 Hartig, Terry[98] 等人发表的自然与健康之间的路径的研究，包括空气质量、身体活动、社会凝聚力和压力缓解（921 号），其 LCS 指数分别为 68 和 94。272 号文献分析的是城市绿地的可达性和质量与人口体育锻炼之间的关系[99]。在这个支系中，除了上述关于城市绿地与健康之间的关系研究外，还有一些关于城市绿化降温功效及人体感受方面的文献，例如 532 号文献[100] 就是篇 LCS 值达 59 的城市绿化降温的系统综述，302 号[101] 文献则是关于

台北市公园"凉爽岛"极值的初步研究。

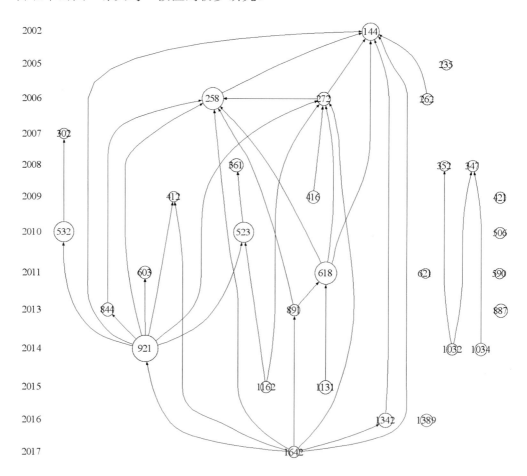

图 1.2-4 在 WOS 数据库中与"城市公园"主题相关的文献
LCS 排名前 30 的图谱梳理

　　靠近图右侧的另一个比较小的分支，则是园林园艺对患有痴呆症患者身心健康的影响研究[102]，如 1034 号论文是 Whear Rebecca[103] 等人运用定性与定量分析法，针对痴呆症患者使用室外空间如花园的身心健康进行了系统探究。Lee Y 和 Kim S 做了一项室内园艺对痴呆症患者的睡眠、烦躁和认知影响的试点研究，对 23 名住院痴呆患者进行为期 5 周的研究，包括 1 周的基线期和 4 周的治疗期，

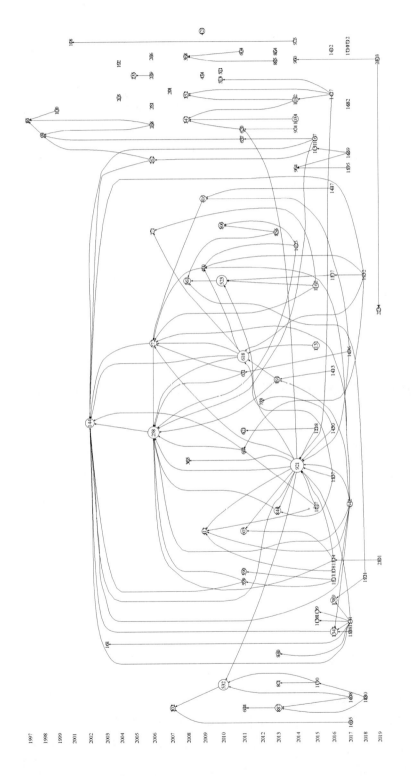

图 1.2-5 WOS 数据库中 "城市公园" 主题的论文
LCS 排名前 100 的文献图谱梳理结果

旨在探讨室内园艺对痴呆患者睡眠、烦躁和认知能力的疗效[104]。

将分析结果按LCS排名前100的文献进行图谱重新梳理后（图1.2-5），可以看到2018年和2019年分别有3篇文献的LCS在10左右，从这6篇被引量较高的文献看出近5年来国际上在城市公园设计理论方向上的发文趋势。其中2018年靠近最左边的编号为1880的文章是围绕城市公园的生态系统服务功能展开的讨论[105]。同年发表的另外两篇论文中，一篇通过自然实验研究建筑环境对身体活动的影响因素分析[106]（1921号），另一篇探索了老年人在绿色空间中自然休闲的需求和偏好[107]（1952号）。在2019年的文献中，其中靠近右下角的两篇独立关联的文章，一篇是关于绿色基础性设施（MGIs）实践现状的综述性研究[108]及公众参与地理信息系统（PPGIS）在城市绿色基础设施规划中的附加价值探索[109]；另一篇是探讨如何从地方政府的角度扩大公民积极参与城市绿色基础设施的镶嵌式治理[110]。

1.2.3 我国从古典园林到城市公园的时代变迁

1. 中国古典园林

古典园林是我国传统文化中的重要组成部分，有着悠久的历史和丰富的文化内涵。其发展历史大致可分为五个时期：生成期（商、周、秦、汉）、转折期（魏、晋、南北朝）、全盛期（隋、唐）、成熟期（两宋到清初）、成熟后期（清中期到清末）[111]。

（1）生成期时段的园林主要是供帝王狩猎和游憩的游囿和苑囿，汉朝把早期的游囿，发展到以园林为主的帝王苑囿行宫，这些行宫除了供皇帝游憩之外，还可举行朝贺，处理朝政。

（2）转折期是是魏晋南北朝时期，该时期佛教、道教流行，使得寺观园林兴盛，初步确立了园林美学思想，奠定了中国山水式园林发展的基础。

（3）全盛期是园林的黄金时期，此时宫廷御苑设计愈发精致，园林建筑艺术达到顶峰，唐太宗"励精图治，国运昌盛"，宫廷御苑设计也愈发精致，石雕工艺娴熟，宫殿建筑雕栏玉砌，旖旎空前。思想基础上，形成以儒家为主的人文景观观念，注重园林的文化内涵，具有深厚的人文精神。在这个时期，园林艺术创作的理论逐渐成熟，设计上更多关注的是园林的意境和审美体验。唐代的王观、孟郊等文人提出了"太和之境"、"万花之园"等美学概念，形成了一种注重意境和美感的园林艺术风格。

（4）成熟期的园林艺术转向写意，士流园林全面文人化。宋代的苏东坡和李清照等文人提出了"山水有相、阴阳不测"、"返璞归真"的美学理念，注重园林与自然的融合。元代的袁宏道、王应麟等提出了"三山五园"、"前后二篇"的园林造园法，强调园林的格局、层次、节奏和意境。明代的文征明、徐霞客等文人通过游赏园林的经历，提出了更加具体和细致的园林造园法和园林艺术理论，其中，文征明的《游园不值》和徐霞客的《石渠宝笈》等作品，成为了明代园林文化的代表作品。在他们的著作中，强调了园林设计中的细节和技法，如水的运用、植物的搭配、地形的处理等，对于园林中的意境也有了更深入的探讨。皇家园林创建在清代康熙、乾隆时期最为活跃，比如康熙皇帝的圆明园和乾隆皇帝的避暑山庄，都是具有代表性的园林作品。同时，私家园林成为江南园林的主要成就，园林艺术创作的理论书籍《园冶》[112]也在明末出现。

（5）成熟后期的园林艺术更趋于精致，但也暴露出衰颓倾向，造园理论探索停滞不前。由于外来文化的冲击和国民经济等原因，园林创作由全盛走向衰落。尽管如此，我国园林艺术的成就达到了历史的峰巅，其造园手法已被西方国家所推崇和摹仿，在西方国家掀起了"中国园林热"。我国园林艺术追求自然精神境界为最终和最高目的，深浸着中国文化的内蕴，是我国五千年文化史造就的艺术珍品，也是一个民族内在精神品格的写照。

中国古典园林艺术主要包括了私家园林和皇家园林。私家园林在中国历史上具有悠久的历史，以北方为代表的园林重视人工山水，注重园林构图、情趣和意境，追求自然、神秘、空灵的境界；以南方为代表的园林则重视水，注重水的流动、营造，追求雅致、秀丽、清新的境界。而皇家园林则是皇帝的乐园，追求庄严、尊贵、雄伟的气势，注重园林建筑、花木栽种和园林造型。清代著名园林理论家袁宏道的《原上草堂笔记》提出了园林的"十三禁忌""四十四法度"等设计原则和手法，被视为中国园林设计理论的经典之作。其中，"气韵生动"强调园林设计要根据自然风貌和人文特色，使园林富有生气和活力；"有景无处"指的是园林景点要隐约而不露，让人感到景点无处不在；"移步换景"则强调园林的游赏体验，游客在园林中步移景换，不断感受不同的景致；"谐趣取胜"则是指园林设计要体现趣味性，通过巧妙的设计手法，使游客在园林中得到愉悦和享受。这些设计原则和手法不仅影响了中国古典园林设计，也对后来的中国园林设计产生了深远的影响。在中国古代，风景园林的设计不仅仅是美学的追求，更融合了哲学、文学、诗词、绘画等多种文化元素，体现了中国人对自然和人文的独特理解。

2. 中国近现代园林

随着西方园林设计的引入和城市化进程的加速，中国园林设计也逐渐从传统的对风景艺术的追求转而走向注重实用性和功能性的设计方式，这一变化可以追溯到清末民初时期。当时，中国开始学习西方的工程技术和城市规划理念，西方园林设计的思想也逐渐传入中国，园林设计也逐渐从私家园林和皇家园林走向公共园林和城市公共空间，同时，西方园林设计思想的影响也越来越明显。民国初年，国内园林师开始学习和应用西方造园理论和技术，西方花卉、树木和园林设施也逐渐被引入中国。这些新的思想和技术在中国得到了发展，逐渐影响了中国园林设计的发展方向，使得中国近现代的园林设计逐渐与传统的古典园林艺术产生明显区别，这种变化体现在园林建筑风格、造园技术和设计理念等方面。

在园林建筑方面，传统的园林建筑多采用木质结构，以及瓦片和石材的使用，而近现代的园林建筑则开始使用更现代化的材料和技术，例如混凝土、钢筋等。同时，园林建筑的设计也更加注重实用性和功能性，例如公园里的长椅、洗手间、游乐场等设施，更好满足了人们日常的需求。

在造园技术方面，近现代园林设计引入了许多西方造园技术和手法，以适应大众的休闲娱乐及审美需要，例如植物配置、绿化、水景等。

在设计理念方面，传统的园林设计侧重于意境的营造和意象的表现，强调意境和情趣，而近现代的园林设计则更加强调实用和功能。例如公园的设计更注重游乐功能、文化教育功能等，更加符合现代城市居民的生活需求。此外，现代的园林设计也更加关注环境保护和可持续性发展，注重生态平衡和资源利用效率。

除了新思想的引入及社会需求变化所导致的园林设计理念的转变外，不同的历史时期，社会的发展及变革对近现代中国园林发展历程也有着深远的影响，大致可以分为以下几个阶段：

皇家园林的没落与开放（1840~1900 年）：晚清时期，列强入侵和民间起义等事件频繁发生，国家面临巨大的政治、经济和文化压力，大量皇家园林被洗劫和破坏。同时，随着对外开放，西方园林设计和建筑思想开始引进中国，这使得中国园林的发展方向和风格发生了重要变化。其中代表性的事件是颐和园的建立和袁世凯私家园林的兴建。

租界公园的出现与公园文化的兴起（1900~1949 年）：20 世纪初，中国经历了辛亥革命、抗日战争等重要历史事件，同时也是中国近代城市化和现代化的时期。中国的主要城市中建立了大量公园，不仅为当地居民提供了休闲娱乐的场所，也展示了当时西方园林设计理念和城市规划理念的影响。这些公园在设计和建设中融入了当时流行的园林设计理念，如仿古主义、花园城市等。晚清末期的租界公园建设中，设计师和建筑师采用了中国传统建筑的元素，如古代建筑的屋檐、拱桥、廊柱等，来打造园林的视觉效果和氛围。同时，他们也引入了古典主义和巴洛克风格的元素，如雕塑、花坛、喷泉等，以营造浪漫、富丽堂皇的气氛。代表性的公园有上海的公共花园（后改名为外滩公园，现黄浦公园，1868 年建）、虹口公园（1990 年建）；天津的英国公园（现解放公园，1887 年建）、法国公园（现中山公园，1917 年建）等。民国政府成立后，开放了大量皇家园林，传统私家园林及洋人花园收归国有，开放为民众共享公园，同时各城市以政府为主导兴建公园、墓园等，风格大多为中西混合型，如广州的中央公园（现人民公园，1921 年建）、越秀公园（1927 年建）；厦门的中山公园（1927 年建）；宁波中山公园（1927 年建）等。近现代公园的兴建使得人们对于公园的认知产生巨大的改变，公众的休闲娱乐方式发生了巨大变化，公园文化全面兴起。

现代城市园林的转型与发展（1949 年～至今）：新中国成立后，园林建设主要以爱国主义为主题，注重园林设计的表现力和艺术性。如人民公园、革命公园、纪念馆等，大多采用了古典园林的设计手法，强调对传统文化的继承和发扬。如北京香山公园、成都文殊院等园林得到了重建和修缮。同时，传统文化也得到了充分的重视，如北海公园、颐和园等园林得到了保护和修缮。这一时期也出现了一批优秀的园林设计师和园林专业人才，如陈从周、刘大为、袁伟时等，为中国园林设计的发展做出了重要贡献。

改革开放后，中国的城市园林建设进入了一个新的发展时期。园林建设在城市规划和生态环保中扮演了重要角色，园林设计也开始注重本土化和环保意识，同时由于文化的多样性、新技术的应用、人性化的设计理念、公共性及普及性的日常需求，使得我国的园林设计在与国际园林文化相融合的基础上，更加注偏向于智能化、人性化、可持续等方面的设计趋势。代表性的公园有上海世博园、广州中华世纪坛、北京奥林匹克公园、成都东郊记忆等。

3. 我国现代城市公园设计理念

近年来，我国的城市公园设计流派可以说是多元化的。虽然一些传统的设计流派仍然有影响力，但也出现了新兴的设计理念和技术。例如，生态公园设计理念和以人为本的景观设计理念近年来广受关注。除此之外，以叙事性和艺术性为特点的景观设计理念也在不断发展壮大。另外，一些传统的园林设计元素，如天人合一的理念，也在不断被探索和重新诠释。

为了更清楚地了解我国现代城市公园的设计理念及趋势，我们选择了知网平台的论文数据作为数据来源，在平台上搜索了与"城市公园设计"这一主题相关的所有学术论文进行文献计量分析。为了尽可能涵盖更多的相关文献，因此在关键词设置时选择了与"城市公园"相近概念的词汇一并加入检索式中：在高级检索中选择主题为"园林设计""园林景观设计""园林规划""城市公园设计""城市园林设计""公园设计"进行合并检索后，得到共计 2 138 篇与城市公园相关的中文论文。将所得论文按相关度降序排列后，选择前 500 篇与关键字相关性高的论文进行整体的文献互引网络分析后，得到的可视化结果如图 1.2-6 所示。其中深蓝色较大的球体代表被引数量较大的约 12 篇参考文献，我们对这 12 篇编号后进行更为深入的分析。

（1）以空间行为模式为研究核心的设计理论研究，包括人性化场所设计（3号文献[1]）、环境心理学[113]、环境行为学（6号文献[52]）、交往空间（以2号文献[45]为中心的文献群）、大众行为[114][115]、空间引导[116]及空间品质提升[117]等，这类设计理论通常强调空间的体验感受，是以人为核心的设计研究。

（2）空间语言[118]及城市意象[44]强调了建筑和城市空间的语言性质及意象。建筑和城市空间的语言不仅包括文字和符号，还包括空间形式、构造、比例、比较和对比等元素。建筑和城市空间的语言及意象是人们与环境之间交流的基础，也是建筑和城市空间所承载的文化、历史和意义的表达方式。

（3）注重可持续性。现代景观园林设计注重生态与文化的和谐统一[119][120]、环境及资源的保护[121]（10号文献）等方面。在设计和建设过程中，需要考虑如何减少对环境和资源的影响，如何通过设计使城市空间更具生态特色和环保意识。这种注重可持续性的设计理念，不仅符合现代社会的环保要求，也能够更好满足人们对于舒适环境的需求。

图 1.2-6 知网数据库中文献互引网络分析

　　城市公园的研究一直在不断演进和发展。近年来，随着我国城市化的加速，人们对城市公园的需求也在不断增加。为了满足人们对休闲、健康和生态环境的需求，城市公园设计也在不断创新。城市公园设计研究已经从单纯的景观设计转向了更加多元、综合的角度，关注的是城市公园的生态、社会、文化、经济以及健康等多个方面。

　　在理论研究方面，新的理论、方法和技术在不断提出和完善，比如叙事空间设计、以人为本的景观设计、绿城市设计等。这些理论和方法不仅提高了城市公园设计的实际效果，也为城市公园设计的未来发展提供了更多空间。

在实际应用方面，城市公园设计不仅是以景观为主的设计，也包含了更多功能性、生态性、社会性等因素。现代城市公园需要满足社区的多样需求，如提供休息和娱乐的场所、促进健康的环境、保护自然生态和绿色空间，并考虑到城市的可持续性。因此，现代城市公园设计需要将多种因素结合在一起，满足的不再是人们对于景观的审美需求，而是一个综合性的空间，能够满足人民多样需求的社会性交往空间。

第二章 城市公园的有机秩序化设计理念

2.1 人、空间、时间——有机秩序的三个重要维度

有机秩序化设计是城市公园的一种理想化设计理念，强调人、时间和空间三个维度的相互作用和影响，以打造出适合人类活动的、富有生命力的公园空间为目的，为建立城市公园空间的生命力和长效人性化提供理论支持。

首先，人是城市公园有机秩序中最重要的构成要素之一。城市公园不仅是静态的、孤立的存在，而且是被人们活力所注入、创造生命力的空间。有机秩序化的城市公园设计理念，是鼓励小型群体活动的空间设计，通过各种形式的交往和互动，让公园中的人们建立起更加亲密的关系，从而增强公园的生命力和归属感。

其次，时间也是城市公园有机秩序设计的一个重要维度。城市公园的使用者会随着时间的不同而产生不同的需求和活动方式，因此有机秩序设计考虑到了时间的变化，对公园空间进行了基于时间段分层段结构的空间活动规律的梳理，并针对其结果归纳出针对该规律的空间设计策略。根据调研结果，季节型分层段属于中观时间分层段结构；平——假日型分层段、时段型分层段属于微观时间分层段结构。同时，宏观时间分层段结构也会随着城市公园的历史积淀而逐渐形成，成为公园有机秩序中的重要组成部分。

最后，空间是城市公园有机秩序设计的基础和载体。有机秩序设计将公园空间看作是一个有机整体，通过空间的划分和组合，创造出具有不同活动功能的区域，如游乐区、运动区、休闲区等。同时，空间设计也应考虑到小型群体活动的形成，通过空间布局、设施设置、组织功能区域等手段，鼓励人们进行自发的、具有生命力的交往和互动，从而形成公园有机秩序的生态系统。

2.1.1 有机秩序的提出

亚历山大 (Christopher Alexander) 在《俄勒冈实验》一书中将"有机"和"秩

序"结合而提出 "有机秩序"这个概念，也就是指在局部需求和整体需求两者达到极致平衡时获得的秩序[122]。

《建筑的永恒之道》[123] 一书中，作者提出了"有机秩序"作为建筑设计中必须遵循的 8 项原则之一，建立了一套全新的建筑理论和设计方法论。作者认为建筑的永恒之道是"一个惟有我们自己才能带来秩序的过程，它不可能被求取，但只要我们顺应它，它便会自然而然地出现"。

亚历山大的理念认为：城市或建筑空间秩序性的形成本质实际上是一种自然生长的过程，一种整体性的规律，其思想与哈耶克的自发秩序不谋而合，是隐藏于自然演化的"过程"中的。其著作《秩序的本质》一书中是如此定义有机秩序的："在局部需求和整体需求达到完美平衡时获得的秩序。"其指出，这种"隐藏在构成之后的整体性的本质"中的"整体性"的演化过程，是按照特定场所的自然演化"过程"的结果。其中的"局部"与"整体"两者具有互相统一、相互协调的性质，这一思想跳出了"自然秩序"理念的绝对性和理想化，强调了"局部"与"整体"间达到动态平衡时的内在逻辑。城市的发展历史是一个不断的进步、变革的动态平衡过程。在整个发展的过程中，有关城市的各个机制、因素相互融为一体，互相之间促进，从而产生的各种各样的生活形态，孕育了城市建筑空间的生态系统。在人类漫长的发展中，城市建筑空间的特征代表着人类生活的演变过程，也反映了人类在整个演变过程中与自然环境的动态协调发展，这种和谐发展就是"有机秩序"的客观呈现。城市空间中的有机秩序并不是乌托邦式的浪漫主义情节，而是城市空间形态与人类生活间有机协调进程的客观反映。

"有机"这个名词最早来源于生物学的术语，是指"因生物本身的内在关联性而形成的生物体整体形态的表现"。从化学的角度去理解，则可以理解为含碳的，特别是指氢原子与碳原子相连接的化合物有机溶剂以及包括其衍生物。

在社会学的视角下，"有机"可以解释为组成事物的各个部分，以及它们之间的相互关联与整体统一的一种共生关系，呈现出一种相互依存并且统一整体的关系，与生命体的特征相类似。

"有机"的特性指的是组成要素的彼此关联性及整体性。包含了三层意思，一是指系统内部具有关联性；二是指系统与外部环境之间具有的彼此相关性；三是指系统内外的联系中，作为一种有机体所展现出来的活力。在这三层含义当中，整体性是"有机"的主要特性，它和有机构成密切相关[124]。

有机的内涵主要指的是构成事物的各部分是彼此间相关连，且带有不可分的统一性，有以下三种涵义：①自身内在的统一。指系统内部的各个要素、部分、各个组件和各层次之间，依靠自身的需要以及内外作用呈现出的有机联合或者整体性的行为。②多种功能的统一。有机统一表达的是事物的整体性能大于各单独部分之和的性能。③复杂结构的统一。排除有机统一中低级且简单系统的机械统一，专指复杂系统即具有多要素、多层次、多极性的系统，通过相互交织作用而获得的整体关联性和结构协调统一性。

1. "有机"与"秩序"

"有机秩序"包含了"有机"和"秩序"两层含义。其中的"有机"强调的是组成事物各部分间彼此的关联性与整体性的共生共存。"秩"意为有条理，不混乱的情况，"序"强调排列次第[125]，《现代汉语词典》[126]中将"秩序"解释为有条理、不混乱的情况，其中"有条理不混乱"的内涵包含了二个层面：其一是构成这种秩序的相关事物在空间、时间上排列的先后逻辑关系；其二是强调事物在演变过程中所构成的一种在结构上稳定有序的状态。其核心内容就是内在的整体性与统一性，侧重于系统中各个元素的一种先后关系[127]。

2. 概念辨析

（1）自然秩序

"重农学派"认为：人类社会和物质世界是一样普遍存在着、不按照人们的意志而变化的客观规律，即他们所说的"自然秩序"。它没有绝对的约束力，人们可以按照自己的意志去选择接受或者违背，用来建立社会的人为秩序。重农学派主张的"自然秩序"，实际上是理想化的资本主义社会[128]。

(2) 自发秩序

哈耶克指出人类在这个包罗万象的社会里彼此之间高度依赖。在这个进程中，没有一个是掌控者，也没有一个策划者，却演化了一种新的秩序——自发秩序[129]。哈耶克把"自发秩序"解释为人类社会中在彼此交往中自然遵循却不是人为建构的规则状态。他反对设计或建构秩序，认为人为建构秩序将窒息个人自由。自发秩序是一种非线性的人类活动的发展和迭代，其产物有很多，例如文化（包含对正义的追求）、信仰等；而对于空间中的自发秩序，其表现形式可能是一个混沌的空间（空间中有机秩序产生的雏形）；自发秩序下的空间也可能是一个没有人参与的空间。自发秩序所关注的是人们自发的各类宏观层面的秩序，反对人为的"理性设计"，但对于微观层面人的使用感受、体验等的变化规律却没有相关的阐述说明。

(3) 有机秩序

相对于哈耶克对于自发秩序的宏观理论建构，"亚历山大"从微观的视角审视传统城市建筑中能够完美体现出来的自然秩序。在一个有机的生态环境中，每个部分都是与众不同的，彼此之间又是协调的，相互之间共生融为一体；当环境中每一个部分的需求和整体之间达到了一种极致的关系的时候，有机秩序的特点就能凸显出来[130]。他认为有机秩序在原则上实际是由局部的行为逐渐形成一个整体的过程，并强调局部与整体之间的"平衡"状态是建筑设计所追求的理想空间模式。

3. 概念界定

本书中的城市公园的有机秩序，主要从时间的维度上，研究空间中的个体与时间、个体与空间、空间与时间之间的有机统一，以及达到统一平衡时各元素间的相互关系。其中的个体指的是空间中活动的人，空间指的是城市公园及公园周边的外部环境条件（空间可达性、天气、人口密度等），时间指公园中各类活动的时间层、段。

城市公园的有机秩序探索是从微观层面展开，试图挖掘空间中的活动人群与公园空间达到动态平衡时的秩序特征，包含了公园中人群空间行为的时间特征、行为所在的空间特征；有机秩序形成的主要条件；有机秩序的内涵、构成要素、形成机制；最终获得基于时间分层段结构的城市公园有机秩序模式。

2.1.2 空间与时间

关于空间与时间关系的理论研究，最早起源于 20 世纪 60 年代后期，由瑞典地理学家哈格斯特朗 (Hagerstrand T.) 提出 [131]。他首次将人口统计学中的生命线的概念与空间概念联系在一起，探讨人口移动的传记性 [132]，开拓了时间地理学的先河。此后，在欧美地理学界中，卡斯泰英、普雷德等人对时间地理学进行了大量宣传 [133][134]，以至于有一阵时间掀起了地理学方法研究的热潮。1976 年，日本的石水照雄首次将时间地理学的理念引入日本。20 世纪 80~90 年代，由于社会学和地理学界对于时间地理学理论缺乏人文角度思想的批判，以及受客观技术条件的限制，使得时间地理学一度陷入了低迷时期。

到了 20 世纪 90 年代中后期，GIS、GPS、LBS 等技术的陆续出现，为时间地理学带来新的契机 [135]。时间地理学在交通规划、女性研究、城市空间结构及通讯技术引起的变化等方面蓬勃发展，具代表性的有 Weber 对于移动时间的研究，他认为该方法可以客观地反映出发地与目的地的交通网络距离 [136]。Ahmed 和 Miller 通过移动时间距离与实际地理距离的对比，提出了可以改善现有交通网络的新方法[137]。Rose 的批判可视方法 (Critical Visual Methodologies) 为 GIS 与女性主义研究搭建了桥梁[138]。Kwan 从女性主义地理学、女性主义的科学批判、景观的女性主义批判等角度阐释了女性地理学与 GIS 的关系, 强调应建立在地理空间与女性日常生活的关系上[139]。

近年来, 多源时空行为数据采集技术的发展突破了原有的数据局限, 推进了时间地理学在中国的蓬勃发展。在上海 (潘海啸[140] 等, 2009)、长春 (周钱[141] 等,2008)、北京 (Zhang[142] et al,2008) 等城市进行的出行调查, 丰富了学者对于城市居民交通出行行为的认识。中国第一批活动日志调查分别于 1996 年在大连、1997 年在天津、1998 年在深圳得到实施 (柴彦威等[143], 2002)。近年, 手机通话数据、浮动车数据、公交 IC 卡数据等大规模交通出行数据为描述和理解城市空间与居民行为提供了新的渠道, 并已经开始应用于交通规划和城市研究 (Fang[144] et al, 2012; Li[145] et al,2011; Liu[146] et al, 2012; 龙瀛[147] 等, 2012; 赵慧[148] 等, 2009)。此外, 其他一些计算机辅助的数据挖掘方法, 如序列模式挖掘 (李雄[149] 等, 2009)、时空密度趋势面 (张艳[150] 等, 2011) 等也被引入到时间地理学的研究中。

2.1.3 人与空间

行为地理学是指在考虑自然地理环境与社会地理环境条件下, 强调从人的主体性角度理解行为和其所处空间关系的地理学方法[151]。20 世纪 60 年代, 在以人为本理念的影响下, 西方社会开始注重追求居民个人生活质量的提高, 开始关注人与社会的实际问题。进入 20 世纪 70 年代, 以结构主义、人本主义、行为主义等为代表的多元主义开始发展,行为主义作为一个解释学派和方法逐渐兴起[152]。20 世纪 90 年代以来,在地理学社会科学化的影响下, 行为地理学研究越来越关注现实的社会问题,与社会政策、福利、地理等的联系越来越紧密,通过广泛的多学科融合更全面地解答人与环境互动关系的问题。相比而言我国对于行为地理学发展趋向把握不够, 仍处于传统的经验主义研究为主的阶段[153]。伴随着人文地理学研究越来越关注人与社会的实际问题, 运用行为地理学方法的研究明显增多，主要集中在迁居与通勤行为、消费行为、认知地图和城市意象、空间行为与行为空间等方面[154]。

环境行为学，也称为环境设计研究，是研究人与周围各种尺度的物质环境之间相互关系的科学。它着眼于物质环境系统与人的系统之间的相互依存关系，同时对环境的因素和人的因素两方面进行研究[155]。最初，"环境行为"被理解为被动存在的行为，忽视人个人需求，是较早期的理论，20世纪90年代末期，Stern从行为的"影响"和"意向"两个维度将其定义为"影响导向的定义，强调人的行为对环境产生何种影响，意向导向的定义强调行为者是否具有环保的动机"[156]。而Sebastian基于"规范刺激(NAM)论"和计划行为论，从利己动机和亲社会动机两方面将"亲环境行为"定义为"对自身利益的关注及对他人、后代、其他物种或生态系统的关心。"[157]环境行为理论是环境行为学的基础理论，大致可以被分为三类，环境决定论、相互作用论、相互渗透论。

2.1.4 人与时间

时间分配的规律性形成与时钟技术的不断发达密切相关。在时钟未普及之前，只有一部分人拥有时钟，成为权力、权威的象征。近代以前的欧洲，农村教堂的钟、城市王宫或市政厅的大钟，与其说是告知时间，不如说是宗教权威、世俗权力的象征性存在[158]。产业革命后城市地域中职住分离化愈加明显，必要的通勤不仅把时间观念引入到人们的日常生活，而且把时间、社会生产、个人生活紧密结合在一起，使人们逐渐认识与重视时间资源的稀缺性。美国著名思想家本杰明·富兰克林的"时间就是金钱"名言诠释时间的价值。现代技术的高速发展，生活节奏的加快，"时间就是速度"的观念把人"锁"进了时间框里。另外，时间的自身属性——连续性、均质性、可分性也渐为人们所认识。对时间的认识进入了更具人文色彩的发展阶段，生活时间成为生活质量的主要测定指标之一。

20 世纪初，一些学者就对工人的工作和休息时间如何安排产生了兴趣，并提出的"三八"工作日制[159]。20 世纪 20 年代到第二次世界大战结束，生活时间研究主要在苏联、美国、英国等国展开。研究重点是特定社会群体（如工人）每日活动时间分配、工人通勤时间、闲暇活动时间。1911 年泰勒开创"时间和活动"研究，成为管理科学之先端，间接促使了美国在 20 世纪 30 年代进行大规模生活时间调查[160]。第二次世界大战后，关于生活时间的调查呈现出大规模化，研究内容多样化的特点，尤其是 20 世纪 70 年代的能源危机促使了居民出行及交通连结状况的调查与研究，展示出生活时间调查在城市交通规划中应用的可能性[161]。社会学家吉登斯在"场所"研究中对时间维度的重视等[162] 更使时空的研究全面开花。我国最早进行的生活时间调查为 1980 ～ 1981 年间，在哈尔滨和齐齐哈尔两个北方城市所做的对职工家务劳动和闲暇时间利用状况的"调查"。2000 年王琪延对中国城市居民生活时间的分配方式做了研究分析[163]。关于人与时间的学术探讨，多数集中在时间维度上，就人的生活方式、活动规律、社会生产等方面社会学视角的研究，注重从宏观层面探索随着时间的变化，人的社会属性所发生的变化。

2.1.5 人、时间、空间三者的不可分割性

有人参与的空间才会产生活力，因此，空间存在的价值离不开人的作用，空间的活力正是基于空间与空间中人的行为达到有机平衡时所产生的一种"城市感的认知"[164]。姚如娟[165] 在她的研究中发现，人在空间中的活动会产生一定的活力场，空间活力场的特性包括了向外辐射性、空间连续性、有机生长性、异质同质性、叠加干涉性。其中，有机生长性指的是空间活力场并非静止不变的，它存在一个从产生到成长直至消亡的过程，并且会随着空间环境的发展情况而带来相应的兴衰变化，发展过程具有较大的个体差异性。可见，公共空间中的人与活动构成了空间的活力，而随着时间的流逝，空间活力场产生一定的变化及发展，当空间活力与空间之间达到一定平衡时，空间的有机秩序便随之产生。

人作为城市公园中有机秩序形成必不可少的条件，直接影响着有机秩序的存在。只有当人进入到空间并展开活动时，空间中的有机秩序才逐渐显示出来，因此所有的有机秩序离不开人的存在。塞谬尔·约翰逊[97]曾经说过"人群，如果过于稀疏倒是会带来一些变化，但那是不好的变化，不会产生什么东西……，只有人群集中在一起才会产生便利的价值与活力。"丁宁在《论建筑场》[166]一书中将"建筑场"理解为："以建筑的存在所形成的建筑空间作为前提条件，以人在其间的特定存在形式为必要条件，且两者之间产生某种效应的建筑空间形式"。这里以建筑作为客观前提条件、以人作为必要条件的理论，恰恰说明了人及其活动在空间构成中的重要性。以"有人活动的空间"为基本条件所构成的充满活力的空间，经过一段时间后，空间被人的行为重新划分，并逐渐形成了空间中的有机秩序，这些有机秩序规范着人们活动的行为，与丁宁对于"场"与建筑的关系描述极为相似。

一直以来，时间地理学、空间地理学、环境行为学、环境心理学等学科，从未停止过对于"时间""空间""人"三者之间关系的研究探讨。城市社会源于邂逅，它必须排除隔离，必须以下述事实为特征，即它为个人和集体的聚会提供了时间和场所，这些走到一起的人具有不同的职业和不同的生存模式。城市社会必须包含差异，并由这些差异所界定。在城市中对话将社会现实的分散要素、功能和结构、无联系的空间、强迫性时间等统一了起来[167]。柴彦威等[168]人从行为、时间、空间及其相互结合的独特视角，研究了中国城市居民的时间利用结构与日常活动时空间结构、出行行为、通勤行为、购物行为、休闲行为和迁居行为的时空间结构特征。申悦[169]、柯文前[170]、蔡晓梅[171]等人通过GPS、GIS、大数据应用等方法对与城市中人们的宏观时空间行为作出总结。可见，时间、空间、人三者的关系是紧密相连的，不可分割的，无论从宏观还是微观角度对人在空间中的行为进行研究，时间都是不容忽视的重要维度。

1. 人与空间在时间维度中互动关系研究的局限

无论是环境美学中的人性化、环境行为学理论的人性化，还是交往空间中的人性化，都是从空间与人、空间与行为、空间与认知、空间与心理、空间与人文价值等角度对于空间与人的关系的理解。

早期的行为研究只是对典型活动的发生频率和持续时间的数据汇总[172]。Hägerstrand明确提出"区位不仅意味着空间上的协调还意味着时间上的协调"[173]。Cullen认为，如果要将人们对客观环境的利用作为一个动态过程来研究，必须要在行为研究中加入时间的方法，否则行为地理学无法实现其预测的目标[174]。Moore从场所、使用者、社会行为现象三个方面，建立了环境行为学的研究框架（图 2.1-1)[175]，并将时间的维度引入环境行为学之中。之后 Gary T. Moore 在悉尼大学任教期间，根据时代发展的需求和技术手段的革新，再次更新并扩展了 EBS 的理论框架（图 2.1-2)，从将社会行为现象拓展为社会、行为、文化及现象四个方面，并从理论层面分析了这四个方面与场所、用户群体间的相关关系。

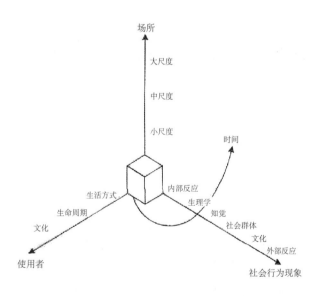

图 2.1-1 环境行为学研究框架中的时间维度[159]

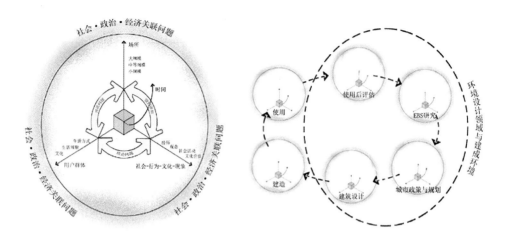

图 2.1-2 EBS 作为地域、使用者群体、社会行为文化现象
和时间的相互作用而存在 [176]

时间地理学的出现，为空间和时间统一背景下的行为研究提供了重要的理论和方法基础 [136]。时间地理学及空间地理学的研究者们所探索的是对于宏观时空间行为的研究，专注于人类迁徙、交通等方面的视角，具体研究内容的梳理已在前文中进行了详细阐述。

近年来，学者们致力于从空间与行为微观视角出发，研究个体在空间中的行为特征与空间之间的互动关系。在行为观察法中引入位置大数据、GIS 定位 [177] [178]、无人驾驶技术、360 全景照片等各类技术，对空间行为进行比较分析，探索个体与空间的关系及人在空间中的活动范式。例如，Vuokko Heikinheimo 等 [179] 人利用社交媒体软件的后台数据，分析了赫尔辛基市民在城市绿地空间的用户生成地理信息及其与用户行为 5 个维度间的内在逻辑。Hyun In Jo 和 Jin Yong Jeon[180] 通过声场测试结合全景快照，研究了声环境对广场空间中人的行为及心理产生的影响。Keunhyun Park 等人 [181] 基于无人驾驶技术的行为地图记录，分析了城市公园中不同区域的人流密度并分析比较了该方法应用于行为观察时的优劣势。

行为注记法（或称行为地图法）的出现及应用，为从微观视角出发研究个体在空间中的具体行为模式提供了科学性的依据。如今，这一方法已被广泛应用于各类空间、行为间的交互关系研究中，包括学校[182][183][184]、邻里开放空间[185]、操场和户外游戏区[186][187][188][189]、博物馆或动物园[190]、住宿护理环境[191]、医院[192][193][194][195] 等。

在我国，从人的角度出发，以微观视角研究空间与人之间的互动关系的研究较为零散，系统性不足，处于起步阶段。由于时间的连续性特征，人性化相关的城市公园设计研究方法多数聚焦于某一时刻的人与空间的关系研究，对于城市公园空间中的动态行为特征及其变化规律的研究不够深入。现有研究往往局限于理解城市空间与居民行为的关联性，而未能论证空间与行为互动中存在因果关系，明确行为、空间相互作用机理的研究。虽然存在同一城市多次调查的数据基础，但尚未进行不同时期的纵向对比与追踪分析，难以验证空间与行为互动模式的阶段性与动态性特征[196]。

从时间维度出发，系统性地梳理人性化空间中的活动机理，将不同时间层段视阈下空间与人的交互关系加以梳理，验证空间与行为互动的阶段性特征，归纳出由"人本"角度出发的公共空间中行为的阶段性范式，提炼出不同人群空间行为模式的特殊性，为动态空间行为提供"持续人性化"设计目标，是当前中国城市发展转型面临的迫切现实需求[177]。

2. 有机秩序中的时间维度

时间不仅同空间一样是行为固有的特征，而且时间与空间的结合是一种测量相对空间的有效方法[197]。亚历山大在其《秩序的本质》一书中提到隐藏在构成之后的"整体性"的本质，认为"整体性"的形成是基于特定场所的自然演化"过程"的结果，两者具有互相统一、和谐的性质[134]。而这种"过程"包含了三个层面的内涵：时间的变化、空间的变化以及人的变化。我们可以从现有文献的整理中获得其他学者们有关有机秩序中"时间"层面的理解。20 世纪 90 年代吴良镛教授[198] 对北京旧城区规划建设的研究中提出，城市如同生物体，其各个组成部分是有机联系的，在城市发展更新的过程中，需顺应城市的有机肌理，保持改造区环境与城市整体环境的一致性。钱振澜[199]在《乡村人居环境有机更新方法与实践》一文中将有机秩序描述为和谐的、处于同一与丰富的平衡状态。他认为乡村人居环境有机更新方法是"低度干预"的"微创手术"，贴近"自然生长所形成的格局、肌理有机秩序状态"，这种平衡状态是通过时间的沉淀而获得的。孙莉[200]在《基于城市文脉构建有机秩序》一文将亚历山大所提出的有机秩序理念理解为"一种整体的现象，并非单纯的功能或装饰问题，而是基于场所自然演进的结果，这一进程类似于有机体的生长过程。"梁静娴[201]将有机秩序的原则理解为"由局部行为逐渐形成整体的过程指导规划和建设。"徐可颖[202]提出，实现环境共生，需要从多层次多角度出发探索有机秩序的实践对策，并将其理解为生态秩序、时间秩序、空间秩序、功能秩序、美学秩序层面的综合问题。金秋平[203]认为，城市棚户区改造中公共空间的重构需遵循城市有机更新的新陈代谢规律。从上述文献的解析中不难看出，对于有机秩序的理解，学者们都不约而同将目光放在了"过程、演进及生长"的描述中，试图强调有机秩序中"时间"的存在价值。

个体在空间中的行为通常是呈动态变化的，当这种动态的行为变化随着时间的推移循环交替出现时，形成了一种相对稳定的动态平衡状态，称为空间中的有机秩序。这种有机秩序的存在是时间、空间对人的影响而形成的。一旦达到了相对稳定的动态平衡，有机秩序本身也会对人的空间行为产生一定程度的作用。用时间的秩序逻辑，梳理人与特定空间的相互作用（图2.1-3），归纳出以"段"为单位的时间内具有近似特征的空间行为，建构连续时间中动态的空间行为模式及其秩序特征，有利于设计师更好地将"人性化"的理念落地到各阶段的设计实践中，提升空间的用户体验，让"持续人性化"设计更好地服务于生活。

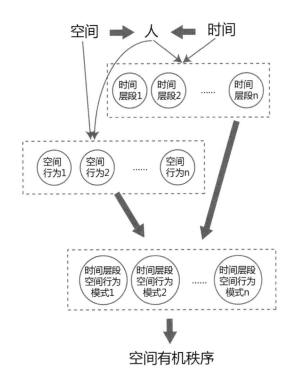

图 2.1-3 有机秩序的三个重要维度

2.2 城市公园的有机秩序

　　城市公园的有机秩序是由不同小群体为主动力，通过个体与小群体在公园中的相互转化形成的，小群体之间相互吸引、相互影响，从而形成一种"约定俗成"的活动规律并到达一种动态平衡的状态，有机秩序便逐渐产生了。这种平衡同时也受到文化背景、生活需求、共同爱好等多种因素的影响。有机秩序的形成，有助于促进公园中的交往行为，提高人们的使用体验和参与度。本节将从有机秩序的内涵、构成要素、时间分层段结构、形成机制这四个方面展开论述。

2.2.1 城市公园有机秩序的内涵

与有机体相似，城市公园有机秩序也具备一定的生命机能特征，该特征包括成长性、修复性、感应性、繁衍性和衰亡性。其中成长性和修复性可以视为有机秩序从逐步产生到动态平衡时的一种新陈代谢过程，是公园中的小群体为了维持活动的正常运行，不断进行更新并保持和调整内外环境平衡的一种机能。感应性是当有机秩序遭遇外部环境变化时所产生的相应反应。繁衍性类似于生命体的生殖机能，是有机秩序得以传承及延续的保障。衰亡性是当有机秩序因外部或内部环境的改变，导致其平衡能力逐渐下降而最终消失殆尽的特征。

1. 成长性

如同有机体不断从外界环境中摄取营养物质以构成本身的成分并存储能量一样，城市公园中的一个个活动小群体，通过各种活动的展示不断吸引新的参与者加入活动，以壮大团体或形成新的团体，这些新的参与者通常由旁观活动的观众转化而成，可视为维持活动成长及活动队伍壮大的"营养物质"，而促使他们参与活动的好奇心、共同爱好等因素便是促进"营养物质"被吸收的"酶"。当这些小群体通过不断吸收"营养物质"逐渐壮大成熟后，便形成自己的活动秩序，这些活动秩序间经过磨合形成固定的规律并达到平衡后，有机秩序便"长成"了。

2. 修复性

有机秩序在成长的同时也会不断分解本身的成分以释放能量，并将与之有害的因素排除或消化，这个过程就是有机秩序的修复过程。例如当空间中出现影响活动正常秩序的行为发生时，活动人群便会产生"排异"现象，用各种方式排除或解决干扰。其中有的是大团体分解成几个小团体以适应外部环境变化，有的是群体中的参与者团结一致对抗干扰，有的则是牺牲小部分人的利益来保全大团队的整体利益等。这些行为都可视为"分解本身的成分以释放能量"，以维持原本活动得以持续进行。又如，当活动群体内部发生矛盾分歧时，活动的主要组织者或发起人会对矛盾进行评判及调解，以确保活动按照原本"约定俗成"的模式正常有序进行，这便是有机秩序的自我修复性。

3. 感应性

当有机体受到外界物理或化学物质刺激时，会对环境的变化作出相应的反应，使其得以继续生存，称为有机体的感应性，城市公园中的有机秩序亦然如此。当公园中的有机秩序遭遇环境或管理政策的变化时，秩序中的主要要素——活动小群体，会作出一定的活动方案调整，以应对外界环境的变化。例如气候条件不理想时，会选择短期休整或更换为更合适的活动区域；公园改建时会临时改变活动地点待改建完成后重新回归；出现比赛等激励政策时会增加活动频率及时长等应对机制，这就是城市公园中有机秩序的感应性特征。

4. 繁衍性

当有机秩序达到一定规模并形成被人们广为接纳的模式时，在不同的具有类似客观条件的空间中，这种模式可能会被繁衍复制，这就是有机秩序的繁衍性。这种繁衍有可能是原本秩序中的部分活动者因某种原因离开原本活动的群体，到新的环境中重新建立一个新的群体，即分裂繁衍出一个新群体的模式，并带动新环境中有机秩序的逐步生成。也可能是不同爱好的另一类小群体汲取其他群体活动的经验，在新环境中建立属于自己的活动小群，属于模仿并新生的繁衍模式。无论是分裂繁衍还是模仿新生的繁衍模式，都将有机秩序的主要构成要素传递到了新的空间中，并随着时间的推移逐渐新生，形成了有机秩序的繁衍过程。

5. 衰亡性

有机秩序的衰亡性与有机生命体的衰亡类似，当整个机体对外环境的平衡能力逐渐下降而无法维持平衡状态时，便逐渐走向死亡。有机秩序的衰亡通常有两个主要原因；其一，是由于公园中的活动无法适应外部环境的变化而导致的，当外部环境发生巨大改变，使得公园中的活动无法继续展开，活动人群逐渐消散，活动无法持续，有机秩序便会逐渐消亡；其二，公园中的空间环境或设施过于老旧，无法承载活动的正常运行，或无法提供安全有利的活动场地，活动人群会逐渐失去信心和激情，有些小群会寻找更为合适的空间并发生迁移，有些则会解散，随着越来越多的活动小群的消失，公园中的有机秩序便失去动能，无以为继，这便是有机秩序的衰亡。

2.2.2 城市公园有机秩序的构成要素

城市公园中有机秩序主要由人、时间、空间三要素构成，其中主要的动态变化要素是人；线性变化要素是时间；城市公园中的空间因其建成后在一定时间内不会有大范围改变，因此可以视为客观不变的要素。城市公园中的有机秩序是当人、空间、时间三者达到某种动态平衡时所展现出的一种和谐有序的状态，当城市公园中的有机秩序处于成熟状态时，空间便具备很强的活力并展现出强烈的吸引力，更多的人愿意逗留在公园中并伴有频繁的交往活动，此时公园中的有机秩序呈现出良性发展的状态。

1. 人

人是空间有机秩序构成的重要要素之一，而构成城市公园有机秩序要素之一的人，实际是指活动在公园中的人及其行为，而其中最重要的便是小群的空间行为，即在城市公园中活动的小群体的行为。这些小群体是推动城市公园有机秩序生成、发展、延续的主要动能，公园中的各类小群活动相当于构成有机秩序的主要"组织"，这些"组织"在公园中扮演着重要的角色，他们相互影响、相互合作，引导着公园中空间的使用规律、活动内容、整体氛围等，推动公园形成自己特有的秩序状态，当小群活动种类越丰富、时间越持久，这种秩序状态越具备"约定俗成"的"权威性"，此时有机秩序趋于成熟，公园中秩序的有机特征更为显著。

2. 时间

对于城市公园中活动的人群来说，在公园中的活动时间是依据个人的生活习惯来规划的。例如长三角地区的日照时长、气候及人们的文化偏好、生活习惯等因素较为接近，因此这一地区的人们有着相似的休闲活动规律和喜好，他们在城市公园中的活动时间显现出一定的周期性，并展现出了时间的分层段活动规律。虽然时间是客观存在且连续不断的，但是在公园中人们的活动时间却展现出鲜明的阶段性及层级性。

3. 空间

城市公园中的空间一般是由设计师设计规划的人造景观空间，从空间使用者的视角对于公园的空间进行分析后不难发现，空间本身提供了人群活动所需的各种硬件条件，包括空间的可用尺度、空间的设施、空间的冷热舒适性等，但是空间使用者却因为各种需求对空间有着自己更为深入的使用逻辑。例如，对于羽毛球爱好者来说，城市公园中空间的可用尺度除了空间的平面尺度外，还包括空间的垂直尺度，即高度。对于弹唱爱好者来说，空间外围的弹性尺度，即围观人群可以滞留的空间尺度也很重要。空间的设施除了提供设施本身的功能外，还会根据使用者的需求变化衍生出更多的功能，例如树杈可以挂衣物、垃圾桶盖可以放置水杯等。空间的冷热舒适性会直接影响到空间活动持续的时间长短及活动的种类。

2.2.3 城市公园有机秩序的时间分层段结构

1. 时间分层段

现今，时间分层的理念已被广泛应用于各学科领域，例如，结合不同模型的时间序列分层相关算法研究[204][205][206]、多时间尺度分层视角进行时间变量控制的研究[207][208]、按照不同时间分层维度进行案例的分类研究[209][210][211][212]等。

陈华辉、施伯乐[213]对于时间序列的理解在"时间分层"的基础上，将其深化为时间的分层段模型，提出了"段"和"层"间的关系并建立的相应的数学模型，优化了传统静态时间序列的降维技术难以直接应用于时间序列流中的部分问题，并对时间序列流中的近期数据比久远的数据更关注。时间分层段模型的提出，解决了传统时间序列在现实问题中分析框架理想化的问题，关注的是近期的动态变化细节和久远数据的大致趋势，该框架更适用于本书中对于实际场景的描述。

人在空间中的行为是动态变化的，形成了一种以时间序列流为引导的动态行为序列流，这些动态行为在某一时段内呈现出一系列近似的空间行为，这些近似的空间行为被归纳为若干个子行为序列，每个子序列抽取成一个称为"段"的概要模式并具备相似的活动特性。段与段间是以时间的变化逻辑分层组织的，从时间流的视角，通过"段"把动态空间行为流按其活动的规律归纳出其分层的组织结构，形成空间行为的时间分层段结构，探讨该时间分层段结构与空间行为间的有机关系及内在构成逻辑，称为时间分层段视阈下的空间有机秩序。

2. 城市公园有机秩序的时间分层段结构

城市公园中的空间行为具有季节型分层段、平假日型分层段及时段型分层段三种时间分层段结构。本书根据调研结果总结出城市公园有机秩序中观、微观时间分层段结构：季节型分层段属于中观时间分层段结构；平假日型分层段、时段型分层段属于微观时间分层段结构。根据实证结合文献归纳演绎出有机秩序中的宏观时间分层段结构，并在后续章节中详细阐述。

根据调研结果，城市公园有机秩序的时间分层段结构可概括为图 2.2-1 的树形结构，有宏观、中观、微观三个层面。

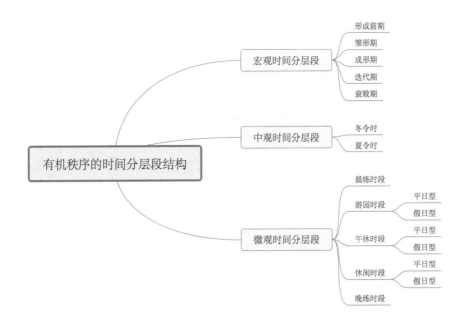

图 2.2-1 城市公园有机秩序的时间分层段结构

宏观时间分层段结构主要是基于公园从建成（改建）到衰败的新旧迭代、用户人群对公园使用频率及行为变化分析得出，包含了形成前期、雏形期、成形期、迭代期和衰败期五个阶段。

中观时间分层段结构是通过活动人群不同季节在公园中的空间行为特征归纳总结得出的，可分为冬令时和夏令时两个时段，具体表现为冬令时段的活动内容与夏令时在 7:30~11:30 时段内基本一致，但活动时长及活动起止时间略有不同，下午 13:00~18:00 间，冬、夏令时段的空间行为特征差异明显，仅有少部分活动会维持原状，多数活动会被新的活动替代或消失。

微观时间分层段是在分时人流量统计的基础上，结合分时空间行为注记法，对上海市被抽样的 14 个公园为时 264 小时的行为观察而得出的微观时间分层段结构。包含了时段型和平假日型两个维度的层次。时段型分层段包括晨练、游园、午休、休闲、晚练五个时段；平假日型分层段则描述了节假日时，公园空间在"游园"、"午休"及"休闲"三个时段中较平日里不同的活动人群、空间行为特征及行为分布。

2.2.4 城市公园有机秩序的形成机制

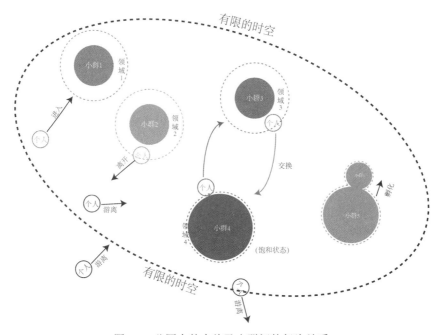

图 2.2-2 公园中的个体及小群间的行为关系

城市公园有机秩序的形成，是由一个个独立的个体，根据自身的需求进入公园空间后，因各种原因相互吸引，自发组成各类小型活动群体，这些小型活动群体（简称小群）与个体之间相互吸引、互动，产生各种类似于有机体一般的成长、修复、感应、繁衍和衰亡的过程就是有机秩序形成和消失的经过（图

2.2-2)。这类群体活动之间相互影响，从而形成了一种"约定俗成"的活动规律。这些规律包括空间的使用时间段、时长；活动位置的分布、活动尺度；各类公共资源的调配和"临时使用权"等。其中人们相互吸引的原因可能包括：文化背景、生活需求、共同爱好、闲暇时间等。小群体活动之间既有相互促进的作用，又同时相互制约着（图 2.2-3）。

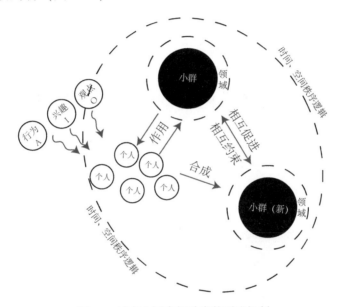

图 2.2-3 城市公园有机秩序的形成机制

　　城市公园的有机秩序探索是从微观层面展开，试图挖掘空间中的活动人群与公园空间达到动态平衡时的秩序特征，这种动态平衡的内在形成逻辑是：受行为、兴趣、观点的影响，人在空间中所展现出的各类行为逐步演变为小型群体行为，从而推动了城市公园中的小群体活动的产生，这些活动久而久之，持之以恒，成为了公园中一些"约定俗成"的秩序逻辑。与此同时，活动的产生带动了空间中的活力，并吸引更多的个体参与其中，公园中的活动秩序形成了一种生长式的良性循环，逐步构建成为公园中的有机秩序。

　　有机秩序的微观时间分层结构所展现的是当这种活动规律逐渐成熟时，公园中的活动所体现出的在空间及时间上的秩序性。当这类已形成一定秩序的活动遇到外界环境变化时，秩序就会发生一定的转变，这种转变经过一定时间的调整后又会形成一个新的秩序，达到新的平衡状态，如此循环往复，称之为有机秩序的动态平衡状态。城市公园有机秩序的中观时间分层结构所表现的便是这种平衡动态变化的各种规律。在宏观层面上，有机秩序的产生、发展、稳定、消失、迭代的过程，正是体现了这类秩序的"有机"性。当这种秩序受到外在因素影响时，不仅会像有机体那样自我修复，达到全新的平衡，而且也会不断演进发展以适应新的外部环境。

2.3 城市公园有机秩序化设计的内涵与价值

2.3.1 城市公园设计中的困惑

近些年来，为了构建更符合使用者行为习惯的城市公园，设计领域的学者将研究的目光从"自上而下"的宏观理论转而投向"自下而上"的实证研究视角，更关注人性化、情感化、通用性等人本领域的研究，致力于改善一些使用者行为与空间环境之间的矛盾。即便如此，由于空间使用者的多样性，需求的不统一，人性化城市公园中的"非人性化"设计困惑依旧存在。例如，2017 年改建的民星公园的基础设施已相对完善，为了满足广大运动爱好者挂放衣物的需求，设计师为公园安装了数量充足的衣帽架（图 2.3-1），但在实地调研中发现，一些公园中锻炼的人们依旧会选择周围树木挂放自己的衣帽（图 2.3-2）。这种人性化设施的"非人性化"设计，不得不引发新一轮的思考：人性化设计的理念在落地时出了什么样的问题，从而导致了类似的情况发生？设计师对于公园活动人群需求的理解，应从什么样的视角出发才能避免同类问题的再度出现？

图 2.3-1 公园中的衣帽架　　　　　　图 2.3-2 挂在树木上的衣帽（作者自摄）
　　　（作者自摄）

　　调查研究发现，公园中存在众多用户（即公园中的游客）行为与空间时间之间的矛盾冲突，设计师所构建的公园空间的秩序及对于空间的理解（设计师认知）与公园使用者对于空间的认知（用户认知）之间发生了错位。正因为认知的错位，从而产生了"用户打破城市公园设计师建构的秩序"这类情况的发生。

1. "设计师尺度"与"用户尺度"认知的错位

　　公园中常常有这样一类现象，在较为宽敞的十字路口或稍宽的路面上，时常会看到广场舞爱好者们的身影（图 2.3-3）。此时，公园内的道路被使用者理解为"广场"。在设计师看来适合道路设计的尺度，被使用者视为"广场"的尺度。

图 2.3-3 被视为"广场"的道路（作者自摄）

2. "设计师边界"与"用户边界"认知的错位

热爱交谊舞的人们常常会选择在较大的、有树荫遮蔽的空地中进行活动，当参与的人多了，空地上会显得拥挤，此时活动会延伸至空地外围的道路上或是空地周围的草地中（图 2.3-4）。设计师对于场地限制的理解可能是空地的边界线，而使用者对于场地的理解是"可以听得见音乐且感受到氛围的地方"。

图 2.3-4 跳舞的人及观众延伸到了场地边界外（作者自摄）

3. "设计师功能"与"用户功能"认知的错位

图 2.3-5 中可以看到，公园水域边原本用来保护防止路人落水的围栏被使用者当成了休息用的座椅。此时围栏对于用户的功能是"可以用来暂时休息"的

设施，与设计师眼中的"保护"功能发生了错位。

图 2.3-5 被使用者视为"座椅"的围栏（作者自摄）

4."设计师需求"与"用户需求"认知的错位

儿童游乐场对于设计师及大多数人来说是满足孩子游玩需求的场地及设施，但是对于晨间锻炼的人来说，他们需要的只是游乐场中的空地（图 2.3-6）。在晨间锻炼时段里，游乐场的用户需求发生了改变，与设计师的理解大相径庭。

图 2.3-6 被视为"广场"的儿童游乐场（作者自摄）

经分析，从微观层面解决人在空间使用的易用性、便捷性、舒适性、安全性、人文关怀等问题，多数是基于"人性化"视角提出的公共空间设计及环境设计领域的相关研究方法，是从人与空间的关系视角出发进行探讨的，强调的是人或人群需求的满足。这种设计方法在实际应用时，通常是基于某一时间段的某一类人群进行的设计研究，这种"针对某类人群的设计"便是造成这种"设计师认知"与"用户认知"错位的主要原因。

由于在实际设计项目执行过程中，调研资源有限，设计师所认知的"用户需求"通常是通过调研而获取的某一类或几类用户在某一特定时间内的需求。公共空间中用户需求的多样性，使得不同的人在同一空间中的使用需求不同；相同的人在不同时间对同一空间中的使用需求不同；相同的人在同一时间内在不同的空间中的需求也不同。如果设计师仅仅依据某一段时间的调研结果进行设计，必然缺乏对于各时段、各类人在同一空间或不同空间中多种需求的整体把握。因此，便会有类似于早上儿童游乐设施阻碍老年人的运动健身；下午空旷的公园小空地在早晨"人满为患"；在冬季，当公共衣架挂满后只能选择将衣物挂在附近植物上等现象的出现。

多数设计师在进行空间或公共设施设计时，会在一定程度上将"时间"的维度纳入思考范围，但往往由于时间紧、经费少、人力短缺等问题的限制，无法进行跨时段、长周期、大体量的设计研究。因此，如何全面、高效获取各类型用户的真实需求，梳理形成对应的价值导向理念而帮助指导设计，使得公共空间及空间设施的设计能持续性服务各类人群，提高整体用户的满意度，而非仅针对某类人群的设计，是本研究的关键。

在城市公园设计策略中从用户如何使用空间的视角出发，细化"时间"维度，将时间按各类用户使用逻辑进行排序及分类；剖析时间与人、空间的逻辑与内在关系；建构可为设计师所用的设计策略，是解决这类问题的关键所在。

例如，公园中的"道路"在人们下午休闲时是通行的通道，但在相对拥挤的晨练时段可能会被作为"广场"使用。如果在设计道路时不仅仅将"路"看作"通道"，而是提供一种既可以作为"通道"，又可以作为"广场"的空间，那么不同时段、不同使用者的使用体验可能会得到提升。

再如，秋、冬季时，由于早晚温差较大，因此晨间锻炼的老人往往穿着较厚的外套入园，公园中锻炼的人们会在锻炼时脱下衣物，这个季节，人们对于衣架的需求量大幅提高，但春、夏季时，衣架的需求量则较少。如果在衣架的设计上能考虑季节的通用性，在一定程度上既可以提高公共设施的使用率，又可以避免资源浪费、经费短缺等问题带来的困扰。

2.3.2 城市公园有机秩序化设计的内涵

城市公园有机秩序化设计具有人本性、长效性、有机性和秩序性，秉承了"人民的公园人民建，人民的公园为人民"的设计理念，是围绕如何深入理解人民群众在公园中的各类需求展开的设计研究。该理念追求的是，公园空间的设计能长期有效地满足不同时段不同用户的需求，并通过设计鼓励促进空间中小群活动的产生，促成更多的空间交往行为，让空间活动形成理想的有机秩序状态，激发空间使用者的归属感和获得感，使得空间有机秩序呈良性可持续发展态势。

1. 有机秩序化设计的人本性

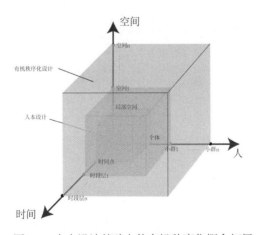

图 2.3-7 人本设计基础上的有机秩序化概念拓展

如图 2.3-7 所示，有机秩序化设计是在以人为中心的设计理念基础上的提升，将原本专注于"个体"的需求满足，扩展到公园空间活动中的各类"小群体"

的需求满足，同时将原本关注于某一时间节点或某一段时间内人的需求，扩展到了各时间段及时间层的人群的需求。因此，城市公园的有机秩序化设计，关注的是公园空间中的各类活动群体在各时间层段的各类需求的集合，传承了以人为本的人本性设计内涵，并在其基础上进行了有机秩序化概念拓展。

2. 有机秩序化设计的长效性

有机秩序化设计追求的是设计方案长效满足各类公共空间中动态变化的用户需求，是一种适用于多时段、多用户的理想化设计理念。该设计方法能通过设计引导使用者快速形成符合他们需求的各类秩序，并从尊重各类用户内在的使用逻辑的视角进行设计，从而使用户合理使用各类公共空间、设施、植被、小品等，让设计能达到长期准确有效服务用户的效果。

3. 有机秩序化设计的有机性

城市公园的有机秩序化设计，旨在空间设计规划时尊重有机秩序生长发展的规律，通过设计引导激发空间中各类小群的活动，从而带动空间活力及交往行为的生成，让空间的活动自然有机生长，使得空间设计本身融入空间的有机秩序中，并随之成为空间有机秩序不可或缺的组成部分，同时伴随着空间内活动的迭代而变换空间功能，随着时间的推移达到与空间中的活动人群有机共生的状态。

4. 有机秩序化设计的秩序性

在理解公园空间活动"约定俗成"的内在秩序逻辑基础上，城市公园的有机秩序化设计无论从空间的布局、出入口的位置、设施的功能设计、围墙及内部空间边界设计等方面，都遵循着一定的规律，这些规律就是有机秩序化设计的秩序性。

2.3.3 城市公园有机秩序化设计的价值

1. 心理层面为主的价值创造

城市公园有机秩序化设计所带来的用户心理层面的价值包括以下三个方面：

（1）引导鼓励小团体的形成，增加空间活力。城市公园的有机秩序化设计可以引导和鼓励人们形成各类小群体，例如家庭、朋友、社交圈等，以在公园内共同享受休闲、娱乐和社交活动。这样不仅能增加公园的空间活力，让用户感到身处一个充满生机和活力的社交场所，也有助于增进社区内部的凝聚力和社群关系，从而提高人们的幸福感和生活质量，同时提升人们对城市公园的使用欲望。

（2）促进空间中的交往行为。有机秩序化设计理念旨在促进空间中各类小群体的形成并提升其活动的积极性，让更多人被吸引、被容纳，使得空间中的交往行为更为活跃。活跃的氛围会激发人们高昂的参与积极性，为公园营造一种活跃、包容的氛围，同时吸引公园周边甚至外围的更多参与者加入其中，增加公园的人流量和人气，同时也提高公园的社交价值。这些交往行为有助于缓解城市人群之间的紧张情绪和孤独感，同时也能够提高人们的社交能力和归属感，从而增强社区的凝聚力和社会稳定性。

（3）激发人们的归属感、获得感。城市公园的有机秩序化设计可以激发人们归属感和获得感，这是因为这种设计方式在用户心理层面上产生了一系列积极影响。首先，在这样的场所中，用户可以与同伴进行交流和互动，获得认同和支持，进而产生归属感。与此同时，用户还可以与陌生人进行积极的交往，从而感受到社会的温暖和赞美，增强自我价值感和成就感。其次，城市公园的有机秩序化设计还可以创造良好的使用体验，包括景观的合理性和设施的适用性及人性化关怀。在这样的场所中，用户可以体验到设计者以及管理者的用心和关爱，感受到自己的需求得到重视和满足，从而产生获得感。而且，当用户在公园中得到了愉悦的体验和享受，这些正面的感受也会在用户的内心深处形成积极的情感和认知，增强归属感和获得感，这些感受有助于增强他们对社区和城市的认同，促进人们与城市的情感纽带和共同体意识，从而提高城市的社会稳定性和文化魅力。

综上所述，城市公园的有机秩序化设计对人们的心理层面产生了重要的价值创造，它不仅能够为人们提供身心愉悦的体验，也有助于增强社区凝聚力、提高认同度和归属感，并促进人们与城市的情感纽带和共同体意识的形成。

2. 空间秩序为辅的价值创造

城市公园有机秩序化设计所产生的价值，是以城市公园空间的有序化为辅的价值创造。首先，城市公园有机秩序化设计可以维护既定空间已形成的活动规律并促使其良性发展，不再是自然形成的秩序那样表面看起来的杂乱无章。通过有机秩序化设计，可以让空间秩序井然，让公园的各个部分之间形成更加有机的联系，从而提高公园空间的功能性和美观性，这种设计方式不仅可以让公园空间更好地满足人们的需求，还可以让公园的管理变得更加高效和方便，为公园的可持续发展提供了保障。

其次，城市公园是一个公共空间，吸引了各个不同社会群体的使用。但不同的用户群体对于公园的使用需求和方式也是不同的，因此，在设计公园空间时需要充分考虑这些因素。有机秩序化设计可以尊重各类用户不同使用习惯进行设计，让设施和空间更符合用户使用的逻辑，解决部分"设计师认知"和"用户认知"错位的问题，不再需要通过明令"禁止"某些行为来达到管理目的，让一切通过设计进行行为引导，使公园空间变得"有序可循"，减少不必要的管理成本和人力资源的浪费，同时也可以让公园的使用更加有效。

第三章 城市公园中的有机秩序模式

3.1 以小群体为主动力的空间行为模式

城市公园中的活动人群大致可以分为小群体和个人两种类型。个人活动指的是未经约定，随机进入公园活动的个体，他们通常没有固定的活动时间及活动伙伴，是因为"心血来潮"偶尔进入公园游玩的游客。另一类则是公园中活动人群的主体，也是最影响空间活动氛围的人群，他们成群结队、相约而至，为公园中的空间活力增加了氛围感，有时能引起各种游客的驻足旁观，有时也能吸引新的个体加入该群。

个人和小群体在城市公园中的关系密不可分。一方面，城市公园中的个体活动者既是小群活动的参与者或潜在参与者，又是小群活动的助力者，他们在群体间来回游离，增加了群体活动的稳定性及群体成员的归属感，让小群活动更为生机勃勃。另一方面，小群体则是整个公园中推动空间行为模式化发展的主要动力，他们有规范的活动时间、场地、活动内容，并且一般配有 1~2 位群体的"领导者"，具备很强的领地意识，对公园中的活动起到了稳定、规范、促进有机秩序形成和发展的主要作用。

城市公园中的有机秩序是以小群体为主的核心能动力，小群体的存在既促成了公园中空间及活动的有机存在，也引导了空间行为的秩序性发展。

3.1.1 城市公园中以小群活动为主的空间行为

1. 各类小群的聚集行为

经研究发现，公园的游客多数都是以娱乐活动为目的的自发行为，他们的行为都根据活动内容明显区分，并且形成一个个小群体聚集在一起。以民星公园为例，主要的小群活动内容包括交谊舞、看报纸、下棋、钓鱼、带孩子游乐等。为了得出某区域内的某项小群活动是否活跃，我们针对民星公园的调研结果在统计时以两个指标进行判断：活动聚集情况 K1 及活动活跃度 K2。

城市公园中，活动聚集情况表现的是某特定区域内进行某一种小群活动的人数占公园中进行同类活动总人数的比例，可以用于判断某类活动在什么区域中人数更多，找出某一类活动聚集的区域位置；活动活跃度情况表现的是某区域内某一种特定活动参与的人数占该区域内总人数的比例，用来判断某一特定活动人群在该区域内的聚集情况，占比越高则该区域内参与这类活动的人数比例越高，该类活动在这一区域内聚集性越强。K1 和 K2 具体计算公式如下：

K1= 某区域内特定活动人数／该活动总人数

K2= 某区域内特定活动人数／该区域内总人数

根据上述方法，随机抽取部分民星公园中活动内容进行数据统计，其中包括，阅读、围观下棋、钓鱼、带孩子玩这 4 类公园中常见的活动，对活动的 K1、K2 值进行计算，得出以下结果：

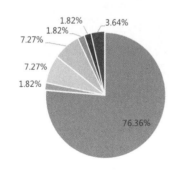

图 3.1-1 具有"阅读"行为人群聚集情况　　　　图 3.1-2 区域 1"阅读"行为活跃度

具有"阅读"行为的人大多数出现在区域 1 处（图 3.1-1）。公园中所有具有阅读行为的人中，有 76.36% 的人聚集在区域 1 中，而区域 5 和区域 10 中分别聚集了 7.27% 的阅读人群。相较于其他有阅读行为的区域，区域 1 中"阅读"人群的活跃度高达 61.47%（图 3.1-2），这说明，区域 1 内所有的人中，有 38.53% 的人选择阅读。由此可见，区域 1 中，阅读行为的人群呈聚集状态，且公园中大部分阅读的人群选择在区域 1 中活动。

"围观下棋"行为的人群中，有 75% 出现在区域 10，18.75% 在区域 12 停留，剩下的 6.25% 则选择在区域 14 进行活动（图 3.1-3 中 K1 统计结果）。从该图 K2 的数据统计结果，即右侧饼图中可以看出，区域 10 中"围观下棋"行为活跃度为 23.08%。可见，虽然公园围观下棋的人群多数集中在区域 10 中进行活动，但该区域中，围观下棋并不占区域内活动人群的主体。区域 10 中有 23.08% 的人"围观下棋"，这一数据证明该区域还有其他类型活动同时存在，例如图 3.1-4 中的"交谊舞"活动，与"围观下棋"的人群都在区域 10 中以小群活动呈集中聚集状。

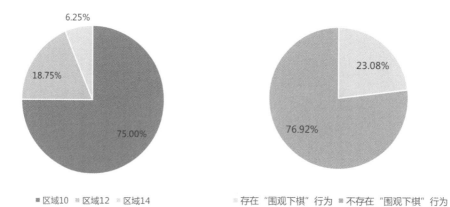

图 3.1-3 具有"围观下棋"行为的人群活动聚集情况 K1（左）及活动活跃度 K2（右）

从表 3.1-1 中也可以看出，区域 12 及区域 14 中，"围观下棋"行为的活跃度更低，由此可推断，这两个区域内其他类型的活动为空间行为的主要构成，而仅有少量"围观下棋"的小群在该区域内聚集。

表 3.1-1 各区域"围观下棋"行为的活跃度

	存在"围观下棋"行为	不存在"围观下棋"行为	总人数	"围观下棋"行为活跃度
区域 10		40	52	23.08%
区域 12	3	86	89	3.37%
区域 14	1	77	78	1.28%

图 3.1-4 区域 10 中与"围观下棋"行为并存的交易舞小群 (作者自摄)

　　具有"钓鱼"行为的人群中有 80% 聚集在区域 8,20% 位于区域 9(图 3.1-5)。活跃度方面,其中区域 8 的钓鱼行为活跃度为 15.19%,区域 9 中该行为的活跃度仅为 2.68%(表 3.1-2)。区域 8 主要是由人工湖、周围道路及部分草地构成的空间(图 3.1-9),该区域内的空间行为除了钓鱼,还有许多湖边坐着聊天休闲的人以及戏水的孩子和陪伴的家长(图 3.1-6)。因此,围绕人工湖的钓鱼行为的空间活跃度较"围观下棋"及"阅读"这两类活动而言并不算高,活动聚集程度较弱。

表 3.1-2 各区域"钓鱼"行为活跃度

	存在"钓鱼"行为	不存在"钓鱼"行为	总人数	"钓鱼"行为活跃度
区域 8	12	67	79	15.19%
区域 9	3	109	112	2.68%

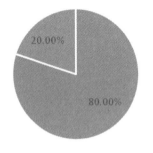

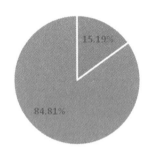

图 3.1-5 具有"钓鱼"行为的人群活动聚集情况 K1（左）及活动活跃度 K2（右）

图 3.1-6 区域 8 中休闲聊天及带孩子的人（作者自摄）

"带孩子玩"的人群聚集情况相对其他活动类型更为复杂（图 3.1-7），较其他活动区域分布更为松散，其中有 23.33% 的人聚集于区域 3，另有 16.67% 及 12.22% 的人分别集中于区域 2 和区域 9，有 8.89% 的人集中于区域 11，而剩下的人分布在整个公园中的各区域内。由此可以推断，公园内带孩子玩的行为会聚集在公园的各个区域，其中以区域 3 较为集中。造成这种松散分布的主要原因可能为：①可供孩子娱乐的设施分散在各个区域，其中区域 3、2、9、11 都分别有可以吸引孩子们玩乐的设施；②孩子在公园中游玩的活动模式特征不明显且没有固定的活动内容，因此其活动场所也不固定；③区域 3 所提供的儿童游乐设施是特征较为明显的"滑梯"设施，因此孩子也会相对集中。

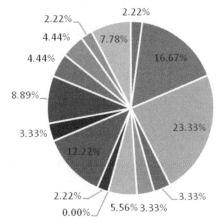

图 3.1-7 "带孩子"行为的人群聚集情况

综上所述，公园中人们的活动内容大多呈聚集型，且特定类型的活动会有更大概率出现在特定区域。例如，民星公园内，下棋及围观下棋的人群多数出现在区域 10 内，阅读的人群多数出现在区域 1 中，而钓鱼的人会选择在区域 8 中进行活动，只有带孩子玩这类行为较为特殊，分散于不同的有"游玩设施"区域中，分散在公园的各个空间里。由此推断，城市公园中的空间行为，多数为小群为主的聚集型活动，人们因为共同的爱好及活动内容聚集在一起进行活动，多数活动都会有相对固定的场地，同类型活动在该场地人群会更集中。

2. 不同行为的空间分布特征

图 3.1-8 区域 1 中的报刊栏 (作者自摄)　　　　图 3.1-9 区域 10 中连廊中的座椅 (作者自摄)

以民星公园为例，从表 3.1-3 区域和设施对照表及图 3.1-10 调研区域划分中我们可以清楚地看到，区域 1 中的设施包含报刊栏（图 3.1-8），因此其阅读行为的聚集度及活跃度都远高于其他区域内的情况。区域 10 及区域 12、14 中都有可以面对面坐的休息椅，其中区域 10（图 3.1-9）是连廊形态的建筑设施，相对来说椅子更多，因此下棋活动才会多数集中于区域 10。区域 8 和区域 9 分别是人工湖的东、西两侧，钓鱼活动因此集中于此处。具有"带孩子"行为的人群会分别聚集于区域 2、3、9 和 11，是由于这区域提供了孩子游玩的设施及满足部分需求的功能设施，例如区域 3 有一个滑梯可供孩子们玩耍，区域 2 有卫生间，区域 9 是大草坪，区域 11 的主要休闲设施为凉亭。由上述调研结果我们可推论：社区公园中不同的活动类型都具备其特定的行为模式且与环境中的设施有一定的关联性，有不同设施的空间在一定程度上会吸引小群在此聚集，形成特有的以小群为主的空间行为,而这些行为也会因为设施的存在而相对固定和集中,"空间——行为"的分布便具备了一定的特征规律。

表 3.1-3 民星公园区域—设施对照表

区域 1	区域 2	区域 3	区域 4	区域 5	区域 6	区域 7
报刊栏	厕所	游乐场	栏杆	人工湖	花坛	小广场

茶水桶	草坪	草坪	草坪	草坪	栏杆	圆凳
导游图	石头	花坛座椅	座椅	石墩	鹅卵石路	长椅
长椅	长椅	长椅	长椅	长椅	长椅	
垃圾桶	花坛		景观石			
花坛						
石头						
栏杆						
座椅						

区域 8	区域 9	区域 10	区域 11	区域 12	区域 13	区域 14	区域 15
人工湖	人工湖	凉亭、连廊	凉亭	健身步道	健身步道	广场	运动器材区
栏杆	栏杆	小广场	垃圾桶	草坪	草坪	亭子	健身步道
指示牌	垃圾桶	凳		花坪	栏杆	休息区	长椅
长椅	草坪	长椅		长椅	长椅	长椅	
				亭子			
				游乐场			
				长廊			

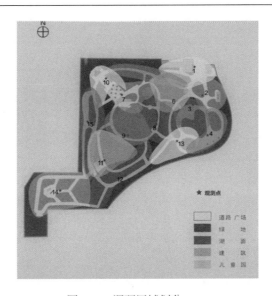

图 3.1-10 调研区域划分

3. 城市公园中小群活动分类

本研究对上海市内不同行政区域的 14 个公园展开了为期半年的田野调查，

分时空间行为的观察记录总时长计 264 小时，包括了 13 个工作日和 11 个节假日，回收空间行为地图 120 份，包含 5 个微型公园，5 个小型公园和 4 个中、大型公园，小群活动的采集样本总数为 268 个小群体，共计 2 538 人次。

经比较分析发现，队列类、领域内集中、领域内移动三类活动小群的有机形态（见本书 6.1 节 小群体活动有机形态记录表及研究实践），通常表现出较强的领域性特征，并同时伴有活动的发起、组织者，小群活动的有机形态边界清晰且相对固定，因此将这三类活动归纳为"有组织小群活动"。

领域内聚集、领域内散点分布、沿场地边界散点分布这三类活动的有机形态，通常表现出较弱的领域性特征，没有固定的活动组织者，同时这类活动的有机形态是动态变化的，边界相对模糊，因此将这三类活动归纳为"无组织自聚集型小群"（简称：自聚集型小群）。

最终，城市公园中的小群活动分类如图 3.1-16 所示，分为有组织型小群和自聚集型小群。

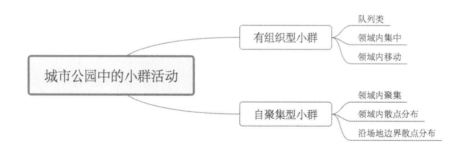

图 3.1-16 城市公园中小群活动的分类

其中，有组织的小群活动是最易受到关注的人群，通常以广场舞、太极、打牌、交谊舞、羽毛球、唱戏、演出等活动最多，这些活动都有明确的组织者，人们相互间熟识，活动人数基本固定，场地的领域性极强，活动起止时间严格固定，是城市公园中的主流活动，也是公园"空间活力场"最强的地方。无组织自聚集的小群活动是由"兴趣中心效应"[214]产生的。他们聚集在一起活动主要是具有共同的兴趣爱好，相互之间并不一定认识，活动人群数量时多时少，没有明确的领导者和指挥者；活动场地相对固定；活动起止时间并不非常严格，只是大约在一个固定时间段内；这类活动最常见的形式例如喝茶聊天、儿童游玩、走圈、钓鱼、遛鸟、旁观下棋或演唱、练习乐器等。

3.1.2 有组织型小群体

城市公园中小群活动的群体性质可分为有组织、无组织自聚集型两类。其中，有组织小群活动的主要特征为：活动有固定的人组织且有很强的领域性，活动时间规律性强，群体中的个体间交往密切。小群体中有几位固定的组织者或活动的领导者，他们在活动的发起、组织、延续等方面起到了关键作用，是活动形成的灵魂人物。有组织型活动主要包括太极、健身操、广场舞、交谊舞、演奏演唱、合唱、写毛笔字、踢键子、羽毛球等。

图 3.1-17 霍山公园（左）、和平公园（右）同一广场上的不同小群间保持一定间距

领域性。小群活动的空间范围有很强的领域性。据公园保安介绍，有时公园中会为了场地问题产生争执，该情况在一些新闻中也有相关报道。这类活动所在地点及时间相对固定，例如，周一到周六上午 8：00~9：00，霍山公园靠近大门的广场空地属于太极队的运动场地，9:00~10:30 同一块空地就属于舞蹈队的

练习场地。即使在同一个广场上，小群与小群间也保持着一定的距离。图 3.1-17 是不同公园小群体在广场上的俯拍图，红色线框标注着每个群体的各自领域，为了区分，领域间通常都有一定的距离或中间有明显的地标、花坛等间隔标记。当活动内容类似时，每个小群为了与周围同类活动群体有所区分，同一场地中不同小群面对的方向会有所不同。

图 3.1-18 太极老师的服装　　图 3.1-19 舞蹈老师服装　　图 3.1-20 领操老师的服装
　　（作者自摄）　　　　　　　（作者自摄）　　　　　　　（作者自摄）

有组织。技术最优或设备提供者为活动核心人物。有些小群在队伍中都会有数量不等的"老师"带领大家运动，这些老师动作更标准、专业，会携带音响类扩音设备为活动提供音乐，着装会更符合运动的内容主题。如图 3.1-18 为太极老师的服装，图 3.1-19 为舞蹈老师们服装，图 3.1-20 为领操老师的服装。这些"老师"主要负责活动的组织、扩音器等设备的维护工作，以及教授"学员"们相关的动作标准，是这些小群体中的核心人物。

活动时间段精准。小群的活动起止时间每天相同，尤其是上午时段在人流量大、场地较为紧张的公园，一个活动结束，紧接着又有一个新活动开始，活动团体间井然有序，他们间因常年的活动时间规律形成默契配合。

密切的交往。经访谈调研得知，这些有组织的小群内的成员，他们在网络上有着密切交流，会通过微信等第三方网络平台把相关的学习内容或活动音乐分享在群体中，有时也会组织参加各类比赛或外出演出等活动，除了在公园一起运动外，生活中也有着密切交往。

3.1.3 自聚集型小群体

自聚集型小群活动主要是基于活动场地的功能供给，一群有着共同爱好的人集聚在一起形成的小型群体，人们会在固定的时间段于同一片区域中做着相类似的事情，人与人之间有时会产生交往，有时则不会。无组织自聚集型（简称自聚集型小群）活动主要包括喝茶聊天、打牌下棋、练习乐器、钓鱼、放风筝、健身器运动、搭帐篷、带孩子玩、打篮球等。

固定的空间或场地。城市公园中的自聚集型活动场地基本固定，这是由于这类场地往往能在硬件设施上提供一些便利条件，这些设施的功能在一定程度上可以服务于活动人群。例如喝茶聊天的人会去桌椅较多或茶水供应点较近的地方；钓鱼的人一定出现在人工湖边；放风筝需要大面积的空旷空间（同时公园允许放风筝）；打牌下棋通常需要有面对面的座椅，或在公共座椅边有可以放置自带座椅的空间；搭帐篷通常需要草地和树荫；乐器练习需要环境安静私密且离居民区较远以免扰民等。由于活动内容的特殊性，公园游客在活动空间的选择时，设施的供给条件决定了空间场地的相对固定。

活动时间跨度较长，活动起止时间较为模糊。自聚集型活动的开始和结束并没有组织人员规定活动的开始、结束时间，人们总是根据自己的喜好、需求在同一地点慢慢聚集或逐渐解散。正因如此，活动时长通常为一整天或者至少半天。与活动时长统计结果（5.3.2 节）中有很大一部分人逗留时长超过 3 小时的统计结果相符。例如，在莘庄公园、金山公园喝茶人聚集点（图 3.1-21）进行小范围访谈发现，有些人在上午 8 点左右就到达，有些则 10 点才来，他们离开的时间也并不相同，活动的频次也不确定，结束时间基本在太阳下山之前。

图 3.1-21 莘庄公园（左）、金山公园（右）喝茶聊天活动（作者自摄）

共同的爱好，无人组织。此类活动的形成，是由"兴趣中心效应"引发的，人们因为共同的兴趣爱好聚集在一起。公共空间的活动中也有一些兴趣中心引发的活动，刘亮[215]、汤敏芳[216]、陈雅珊[217]等人[218]的研究充分说明了这类现象的普遍存在，此处就不再赘述。

时有时无的交往。无组织自聚集型活动中的人群间，人与人之间的交往相较于有组织小群较为闲散，他们之间或几人组成小群交往聊天，或如钓鱼那样仅在来往照面时打声招呼，返回家中后便少有沟通，仅在熟识的人之间保留一些通信方式，用于相约活动时间。

3.1.4 三类群体间的相互转化及渗透

调研结果中，有两种特殊类型的情况存在，这两种情况可以看出，在某种特定条件下，个人、有组织小群和无组织小群这三类群体之间会存在着相互转化及渗透的现象：

（1）以"有组织小群"为单位，聚集后形成"无组织小群"的状态。例如最为典型的走圈和搭帐篷两种活动，人们总是以3~5人成群组织来到公园，是"有组织小群"，这些小群在特定地点展开活动，随着越来越多的同类型小群体的聚集，最终通过渗透及转化形成了规模较大的"无组织小群"（图 3.1-22）。

（2）同样的活动内容，在有些公园中呈现出"个人"游离的活动状态，但在另一些公园中呈现出"无组织小群"的活动状态。例如最为典型的钓鱼和练习吹乐器两种活动，在有些公园中钓鱼或练习吹乐器的人非常少，几乎是个人行为，场地也相对不固定，会根据周边活动情况进行一些转移和调整，有些公园中钓鱼或练习吹乐器的人很多，他们在固定的地点，三五成群，每间隔一段距离便有一个小群体进行同类活动（图 3.1-23），这便是"个人"与"有组织小群"间的相互转化。

图 3.1-23 不同公园中呈现的"自聚集小群"和"个人"两种秩序状态（作者自摄）

清涧公园中结伴走圈的人　　　　　闵行体育公园中结伴出游搭帐篷的人

图 3.1-22 较大规模"无组织小群"中的"有组织小群"（作者自摄）

3.2 城市公园空间行为的时间分层段结构

公园的同一空间，在不同时间段会有不同的空间行为发生。以东安公园为例（图 3.2-1），在上午时段，公园里的各类小广场或空地上是太极拳爱好者的"地盘"，他们会聚集在这里，放着太极拳的配乐进行早晨的锻炼活动。到了下午，有着树荫遮蔽的小广场上就会聚集跳交谊舞的人们，靠近水边的空地就会成为孩子们嬉戏的天堂。与此同时，无论是跳交谊舞还是孩子们嬉戏的空地周围，座椅上会坐满旁观或午休的人，他们或观看交谊舞的表演以享受休闲的下午时光，或是带着孩子玩的家长们坐在椅子上边闲聊边照看孩子们的安全，悠扬的音乐、各类活动、欢声笑语给公园空间带来无限活力。由此可见，同一空间上午与下午空间行为的差异性明显。

这种在同一场地，上午、下午不同人群的不同活动，就是空间行为的时间分层段现象，即同一空间在不同时间段，所发生的空间行为不同。这一现象的发现，不仅为后续调研的展开提供指导性思想，还为研究方法——行为注记法的改进拓展引导出全新的思路。

上午太极活动   下午交谊舞、亲子

图 3.2-1 东安公园中同一空间上午与下午空间行为对比表（作者自摄）

3.2.1 空间行为的时段型分层段结构

图 3.2-2 ～图 3.2-8 为景谷（郊区小）、霍山（市区小）、曹杨（市区中）、莘庄（郊区中）、古华园（郊区大）五种不同面积公园不同时段分时注记统计结果，通过对同一时段、不同公园间的对比可以看出，公园中的"空间——行为"特征与公园所处地理位置及公园面积大小并没有直接联系，而是与时间有关。相同时间段的不同公园，其空间行为的分类及活动的空间分布都有着相似的特征。

在上午 7:30~9:30 之间，各公园都呈现出以有组织小群活动在主体区域集中聚集的"空间——行为"分布特征。这一时段进出公园的人多数是以健身锻炼

为目的的老年人，他们结伴而至，并在相对固定的区域内进行活动，活动内容大多数为广场舞、太极、做操等。此时段公园中的空间行为多数是有组织小群发起的活动。例如面积为 0.37 公顷的霍山公园中（图 3.2-2），7:30~8:30 时段里，红色圈所标记的是有组织小群（以红色三角形标记）的活动内容及位置标注，这类小群活动以小团体聚集的形态分散在公园的各广场或空间。通过观察比较图 3.2-8 中古华园、图 3.2-2 中的莘庄公园、曹杨公园、景谷园同一时段 (7:30~9:00) 的空间行为注记结果不难发现，这一特征在另外 4 个公园中同样明显。在这一时段中也有部分黄色叉型标记的活动人群，是自聚集型小群，他们围绕着公园步道进行走圈锻炼。

图 3.2-3 中，在上午 8:30~9:30 间，4 个公园中的"空间——行为"依旧保持上一时段的活动规律，"空间——行为"特征无明显变化。横向比较上午 07:30~8:30 及上午 8:30~9:30 之间同一公园的空间行为地图可以发现，公园中的活动虽依旧保持着以"有组织小群"为主的"空间和行为"特征，但这些"有组织小群"已产生了改变，各公园分时空间行为注记图中红色圈活动，较上一时段同一位置的活动有机形态及人数已发生了改变，翻阅实地调研照片资料后分析得知，同一区域的活动人群及内容已经更替，新一队小群体在同一处展开了新的有组织活动。例如，霍山公园小广场处原本是一群打太极的人，此时更换成了一队广场舞爱好者。由此可见，在上午 7:30~9:30 间，公园中的空间行为以有组织小群为主，但却会在一定程度上进行交换更替，且维持着原有的"空间——行为"特征，其空间分布、行为分类保持基本不变。

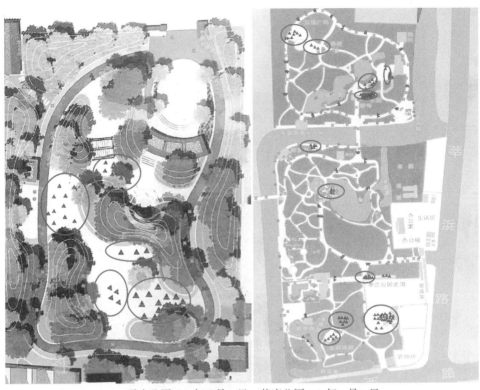

霍山公园2019年03月29日 | 莘庄公园2019年03月29日
曹杨公园2019年03月31日 | 景谷园2019年04月26日

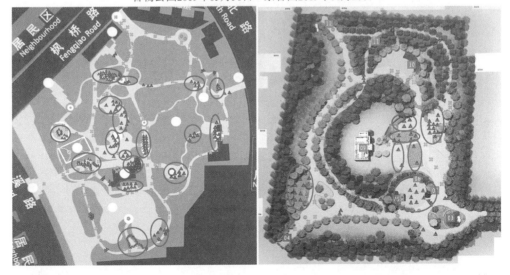

图 3.2-2 四个公园的分时行为注记结果（上午 07:30~08:30 时段）

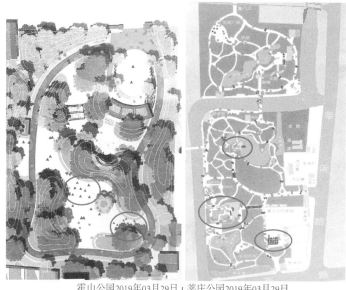

霍山公园2019年03月29日 ┃ 莘庄公园2019年03月29日
曹杨公园2019年03月31日 ┃ 景谷园2019年04月26日

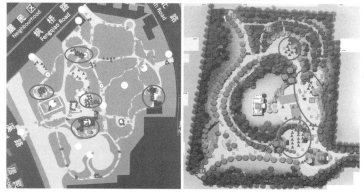

图 3.2-3 四个公园的分时行为注记结果（08:30~09:30 时段）

上午 9:30~11:00 间，公园中的"空间——行为"在保持了以"有组织小群活动为中心区域性聚集"的基础上，呈现出逐步向外扩散的"空间——行为"特征，同时叠加了大量个人活动。在这一时段，带孩子来玩及闲逛、散步的人数明显增多，这些人往往独自进入公园，并无明确活动目的及特定活动场地，而是在公园中随处走动以找到适合自己参与的活动，并根据自身兴趣选择加入活动群体，为自聚集型小群或个人行为，并在地图上以"黄色叉"或"蓝色圆形"

进行记录。

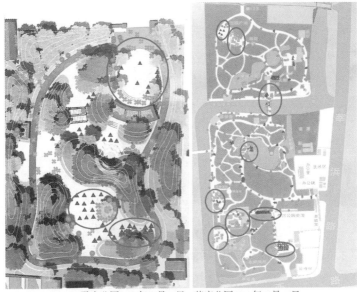

霍山公园2019年03月29日　莘庄公园2019年03月29日
曹杨公园2019年03月31日　景谷园2019年04月26日

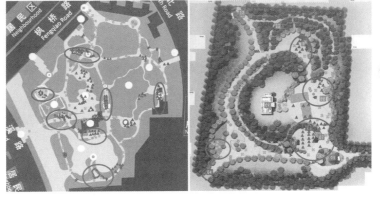

图 3.2-4 四个公园的分时行为注记结果（09:30~11:00 时段）

在下午 13:00~17:00 时之间，公园中以自聚集小群活动为主集中分布，并同时伴随着大量个人活动散点分布的"空间——行为"特征。在这一时段中，公园里的活动更替频率较上午明显变慢，通过比较 13:00~15:00（图 3.2-5）及 15:00~17:00（图 3.2-6）公园空间行为地图，可以发现，地图中的行为活动及分布规律几乎没有变化，只是在部分区域参与活动的人数有所增加。这一时段的公园访客中，多数人独自入园，因"共同爱好"而产生交往行为，并逐渐形成一定规模，构成某类"特定的活动"群体，建立相对固定的活动模式，此时段内的行为地图上多数以黄色叉和蓝色圆形标记为主，并伴有少量红色三角形，即空间中的活动人群为个人及自聚集小群为主体，同时有少量有组织小群。这类空间行为多数选择有座椅的凉亭、长廊等地方进行活动，且活动时长一般超过 2 小时。如图 3.2-5 及图 3.2-6 所示，无论是小面积的曹杨公园和景谷园，还是面积较大的霍山公园和莘庄公园，这一特征都十分显著。

18:30 之后除了闭园休息的霍山公园外，其余 3 个公园中仅有少量小群活动，多数为结伴或独自走圈的人群。日落后，公园内的照明环境因生态环境维护及节能环保等因素的限制，显得较为昏暗，仅能微弱照亮周边路面，除了步行道走圈之外，其他类型的活动难以维持及展开。通过图 3.2-7 中对其中三个公园18:30~20:00 行为注记结果的比较分析可看出，这一时段公园中的活动几乎仅剩沿着步道走圈的人群，呈现出边界环绕状态，"空间——行为"特征明显。唯一特殊的情况出现在景谷园中，有一队广场舞爱好者借助明亮的公共厕所照明开展了有组织型小区活动。后经与公园门卫交谈得知，多数公园夜间时不允许进行易产生噪音的活动，除了照明问题外，这可能也是造成公园夜间活动类型单一的原因。

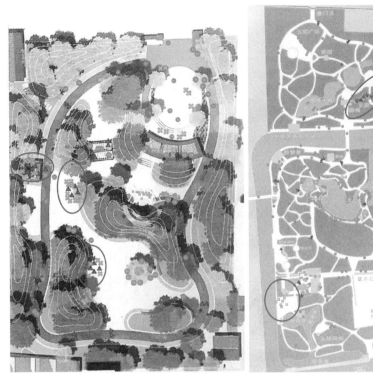

霍山公园2019年03月29日 ┼ 莘庄公园2019年03月29日
曹杨公园2019年03月31日 ┼ 景谷园2019年04月26日

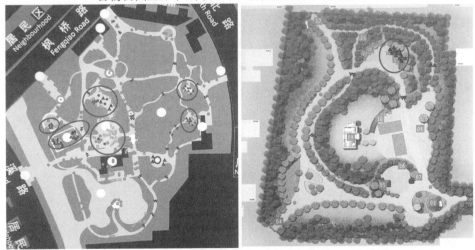

图 3.2-5 四个公园的分时行为注记结果（13:00~15:00 时段）

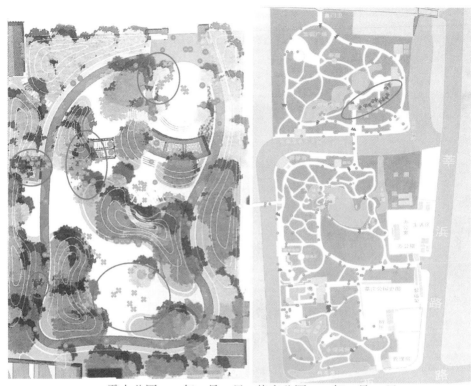

霍山公园2019年03月29日 莘庄公园2019年03月29日
曹杨公园2019年03月31日 景谷园2019年04月26日

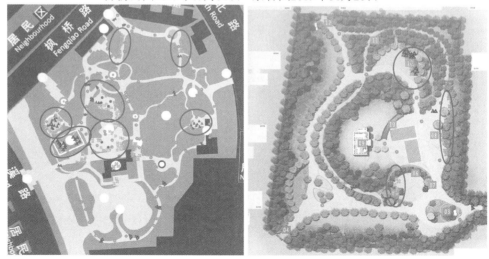

图 3.2-6 四个公园的分时行为注记结果（15:00~17:00 时段）

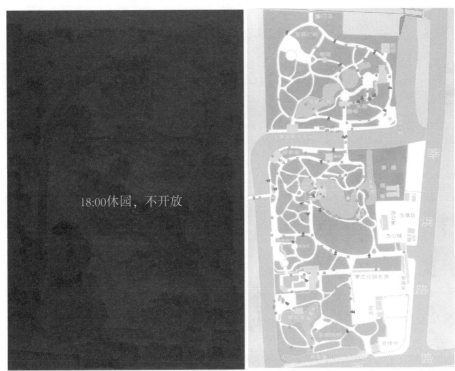

霍山公园2019年03月29日 莘庄公园2019年03月29日
曹杨公园2019年03月31日 景谷园2019年04月26日

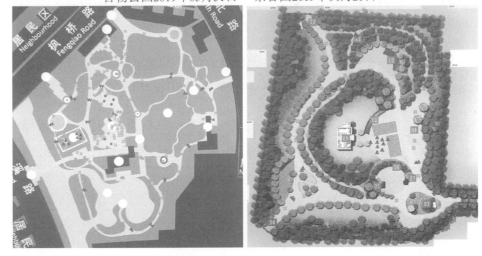

图 3.2-7 四个公园的分时行为注记结果（18:30~20:00 时段）

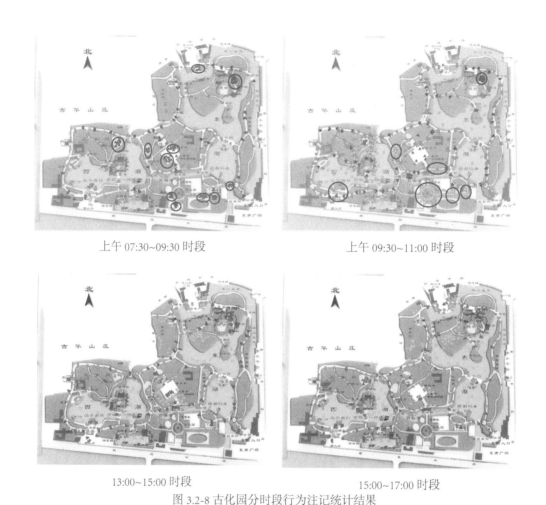

图 3.2-8 古化园分时段行为注记统计结果

根据上述空间行为的时段型分层段结论可知，时段型分层段具体表现为：不同时段，公园中的"空间——行为"特征不同。依据这些行为特征，可将公园"空间——行为"的时间分解为晨间锻炼时段、游园时段、午休时段、休闲时段和晚间锻炼时段五个层次。

上午 9:30 之前是晨间锻炼时段，此时公园中呈现出以有组织小群活动为中心区域性聚集的特征。上午 9:30~11:00 之间为游园时段，在这一时段，城市公园中的空间行为最为丰富，在晨间锻炼时段"空间——行为"特征的基础上，叠加了大量个人活动，这些个人活动与小群活动相互交织，使整个公园变得生机勃勃充满活力。下午 13:00~15:00 为午休时段，此时公园内小群活动变少，取而代之的是大量个人活动，其中以休息的行为居多。15:00~18:00 之间是休闲时段，公园中呈现出以自聚集小群活动为主，有组织小群活动及个人活动为辅的空间特征。18:00 以后通常是晚间锻炼时段，此时人们多数选择在公园中走圈锻炼。

3.2.2 空间行为的平假日型分层段结构

公园中的活动人群大致分为两类：一种是公园中的"常客"，无论是工作日（平日）还是节假日（假日），每天固定到公园进行活动，是"有组织小群"和"自聚集小群"的主要成员；另一种则是"偶尔"到公园的游客，他们多数以休闲为目的，选择在节假日结伴到公园游玩，以"个人活动"及"自聚集小群"为主分散在公园的各个角落。在节假日时，公园中的活动可以看作是"平日"和"假日"人们活动内容的集合，也是公园空间最有活力的时段。因此，通过对假日时段公园中的空间有机秩序的比较研究，可以有效梳理各类公园有机秩序的特征，并根据特征的一致性对公园进行分类。

图 3.2-9 是 2019 年清明节期间闵行体育公园分时空间行为注记的统计结果。经分析，闵行体育公园的"空间——行为"变化在上午 9:00 以后并不明显，仅在上午 7:00~9:00 时段，在靠近居民区的入口处会有部分打太极或广场舞的小群，还有一些是到公园进行晨跑的年轻人。从上午 9:00 开始，公园聚集了越来越多前来游玩的游客，带着帐篷和野餐布在公园各个草地上逐渐"驻扎下来"，这些人直至晚上即将闭园时才会离开。因此从 9:00~17:00 之间，公园内的"空间——行为"特征变化并不明显，只是人数不断增加。公园东北角是儿童乐园所在，因此吸引了大量带孩子的家庭。下午公园呈现出拥挤的状态，公共卫生设施变得紧缺，在公园靠近东边的道路上排起了长队，也同时堵塞了原本狭窄的步行道路。由此我们可以得出，人们更偏爱到闵行体育公园进行"度假"，作为日常锻炼的场地，这里只会吸引跑步爱好者，仅有少量有组织小群会聚集在公园入口附近的广场或

空地处进行活动。

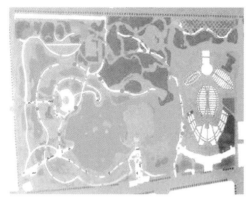
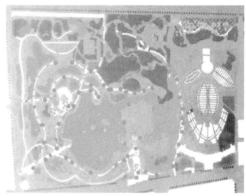

上午 07:30~09:30 时段　　　　　　　　　　　上午 09:30~11:00 时段

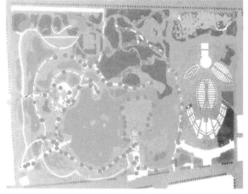
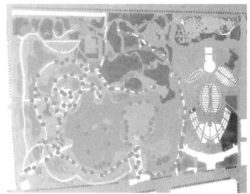

13:00~15:00 时段　　　　　　　　　　　　15:00~17:00 时段

图 3.2-9 闵行体育公园分时段行为注记统计结果

　　图 3.2-10 为 2019 年 4 月 6 日清明假日时民星公园分时段行为注记的统计结果。民星公园中的活动在上午 7:30~8:30 之间以有组织型小群及无组织自聚集型小群为主，活动分布在各面积较大的广场或空地上，活动形态呈以有组织小群为中心集中聚集状。对比 8:30~9:30 及 9:30~10:30 两张分时空间行为注记图的结果可以看出，公园中的有组织小群数量随时间变化逐渐递减，人群活动由原先的集中聚集状逐步转变为区域分散状，并在 9:30~11:00 时段转为以无组织自聚集型小群为主的活动类型。在 13:00~15:00 间，公园中的额外活动以个人活动为主，

分散在公园的道路及部分休憩设施附近。到了 15:00~17:00 时段，公园中的"空间——行为"特征呈自聚集型小群为主的集中聚集状态，并同时伴有少量的有组织小群

在被抽样的公园中，具有同样"空间——行为"特征的公园还包括：霍山公园、清涧公园、景谷园、枫溪公园、曲阳公园、曹杨公园、莘庄公园、金山公园、黎安公园，这类公园无论位于市中心还是市郊地区，都可归类为"日常型公园"，它们在人群活动的"空间——行为"特征上有着相似的规律。上海市园林局公布的公园分类中，霍山公园属于风景名胜公园，曲阳公园属于体育公园，其他的则被归类为社区公园，这与基于空间行为研究结果的分类方式不同。除黎安公园外，其他被抽样公园面积在 2~7 公顷之间。人们通常把这类公园称为"自家门口的后花园"，公园中活动的人群相对长年固定，人们会在这里与朋友、邻居相约出行，一起进行各类活动，舞蹈、太极等有组织型小群活动时间多数集中在早上，而下午时段公园中往往聚集了带孩子玩和打牌、喝茶聊天这类无组织自聚集类人群。

上午 07:30~08:30 时段　　　　　　　　　上午 08:30~09:30 时段

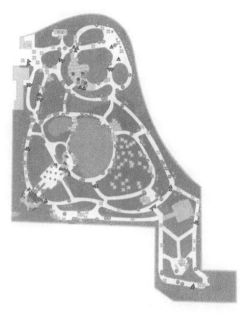

上午 09:30~11:00 时段   13:00~15:00 时段

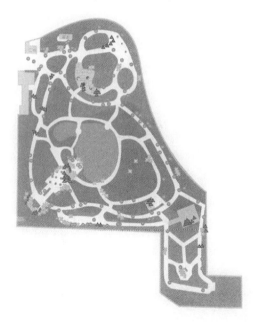

15:00~17:00 时段

图 3.2-10 民星公园分时段行为注记统计结果

图 3.2-11 和前文中图 3.2-8 分别为和平公园、古华园 2019 年"五一"假期期间的分时空间行为注记调研结果。这两类公园在"空间——行为"特征方面表现出高度一致性，都可归类为综合型公园。在节假日期间，综合型公园同时具备了"日常型公园"和"假日型公园"的功能，从图中不难发现，这类公园上午 07:00~09:00 时段中活动的有组织小群较多，是周围居民健身锻炼的主要场所，活动多数集中在小型空地或广场上，呈以有组织活动的小群为中心向外扩散，与"日常型公园"的"空间——行为"特征相类似。到了 13:00~15:00 自聚集小群和个人占据了公园中活动人群的主体部分，个人活动、自聚集小群通常选择在有休息设施或草坪空间展开各类活动，此时公园中的有组织小群活动人数为全天最少的时段。15:00~17:00 时段，在带孩子游玩的人群占据了公园大部分场地的同时，周围居民也开始进入公园进行日常休闲活动，个人活动、无组织小群与公园中有组织小群混杂在一起，显得热闹非凡，是"日常型"和"假日型"公园"空间——行为"特征的叠加。

上午 07:30~09:30 时段　　　　　　　　　上午 09:30~11:00 时段

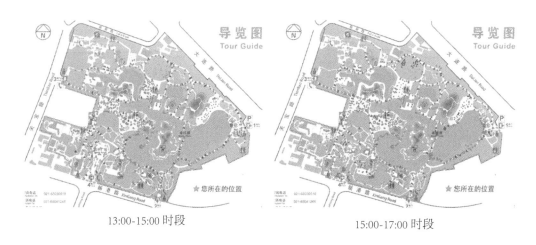

13:00-15:00 时段   15:00-17:00 时段

图 3.2-11 和平公园分时段行为注记统计结果

　　空间行为的平假日型分层段在继承了时段型分层段的基础上，在部分时段中加入了更多的休闲度假活动（自聚集小群），可以看作是时段型分层段的"进阶版"。与时段型分层段相同的是，平假日型分层段也同样将公园"空间和行为"的时间分解为晨间锻炼时段、游园时段、午休时段、休闲时段和晚间锻炼时段。不同的是，在游园时段和休闲时段中，公园的自聚集小群活动和个人活动的数量会明显增多，但其"空间——行为"特征却与时段型分层段行为特征不尽相同。

　　基于"空间——行为"特征在工作日时段型与假日时段型的一致性，将此两类特征归纳为城市公园微观有机秩序模式，其空间行为展现出平日——变化——假日的递进式分时段结构，其中的时段可分解为晨间锻炼时段、游园时段、午休时段、休闲时段和晚间锻炼时段。假日时，根据公园所提供的娱乐设施的不同，变化层中的活动人数会不同，公园中的分时段空间行为会增加相应的活动，呈现出"平日层 + 变化层 = 假日层"的递增式的分层结构（图 3.2-12）。例如，和平公园平日时的空间行为所呈现的分层段结构为图中的第一层，既"平日层"，当假日时，公园会不定时提供一些如充气城堡、糖画、喂鸽子等儿童付费游乐项目，此时变化层会出现更多的带孩子游玩的游客，虽然时段的分类与平日层相同，但是假日层中的人数会明显增加。

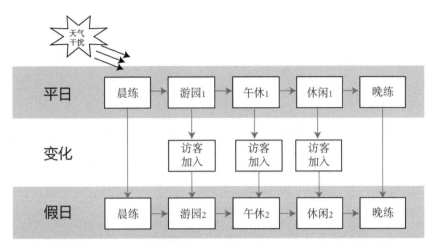

图 3.2-12 空间行为的时段型与平假日型时间分层段结构

总之,城市公园中空间行为的时间分层段结构主要分成三个层面,五个阶段。三个层面 (纵向) 主要描述了城市公园工作日与节假日时公园中有机秩序的递进式变化过程。五个阶段 (横向) 主要表现了城市公园一天中不同时段的不同"空间——行为"特征。

纵向的三个层面中,第一个层面是工作日公园的有机秩序示意图,即平日层;第二个层面表示了节假日时度假游客的加入状态,是对从工作日到节假日有机秩序变化过程的描述,称为变化层;第三层是变化后的结果,基本可以描述为第一层和第二层的叠加,是假日层的空间行为的归纳结果。横向的五个阶段称为"分时段层",表达了城市公园一天中有机秩序的时间分段结构,包含了晨间锻炼时段、游园时段、午休时段、休闲时段和晚间锻炼时段,不同的时段所表现出的"空间——行为"特征不同。

3.2.3 空间行为的季节型分层段结构

图 3.2-13 和表 3.2-14 分别为和平公园 (综合型公园)、曹杨公园 (日常型公园) 冬令时和夏令时的分时空间行为注记结果比较,通过观察两个时节同一时间段不同的"空间——行为"特征,可以得出以下四个方面的初步结论。

（1）冬令时公园中的访客数量较夏令时普遍偏少，无论是综合型公园还是日常型公园，在被统计的所有时段中，虽然不同季节公园中有机活动的"空间——行为"特征较为相似，但由于客流量较少，因此"空间——行为"特征在夏季时表现得非常明显。

（2）对于同一类公园，无论是冬令时还是夏令时，在上午时段，公园"空间——行为"特征都遵循着相似的规律。以和平公园为代表的综合型公园，在上午 07:00~09:00 及 09:00~11:00 时段保持着以有组织小群为主要活动群体，呈集中聚集型活动形态。以曹阳公园为代表的日常型公园的冬、夏令时空间行为注记存在同样的规律。

在上午，公园中同一区域的同一时段中，无论是冬令时还是夏令时，都保持着同样的有组织小群活动的身影，经比对发现，小群的活动内容几乎相同，活动的领导者不变，仅在活动人群数量上冬令时段有所减少。经仔细比较后发现，图 3.2-13 中红色圆圈出的小群空间行为，相似于冬令、夏令时的上午时段小群活动空间行为，灰色圆圈标记的是在不同季节小群空间行为消失或发生改变的区域。

冬令时　　　　　　　　　　　　夏令时

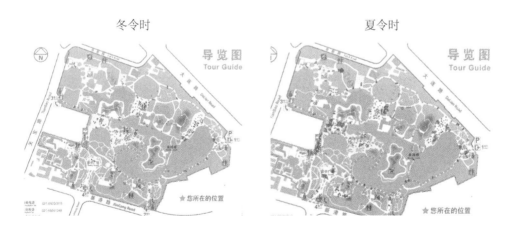

上午 07:30-09:30 时段

上午 09:30~11:00 时段

上午 09:30~11:00 时段

15:00~17:00 时段

图 3.2-13 和平公园冬令、夏令分时段行为注记比较

下午时,公园中不同季节空间的活动特征差异性较为明显(图3.2-13、图3.2-14中绿色圆圈标记),尤其是和平公园中的小群活动,仅有个别自组织小群会在

冬令时维持原本的活动特征，多数在夏令时下午形成的自组织小群活动在冬令时消失不见，这可能是由于天气寒冷导致人们出游意愿降低，而自组织小群通常是到公园游玩闲逛的人因共同兴趣而聚集在一起进行活动的人群，没有固定的组织者与活动时间，活动频率也随个人意愿发生变化。

（3）在 13:00~15:00 时段，综合型公园表现出冬令时个人活动较少，有小范围有组织小群的聚集性活动；夏令时个人活动较多，呈现出个人活动与自聚集小群分散在公园各处的"空间——行为"特征。日常型公园表现出冬令时个人活动较夏令时略多，有组织小群与自聚集小群的"空间——行为"特征没有明显差异。由此可见，日常型公园中的小群活动并不会随季节的变化而产生较大差异，仅在人群数量及个人活动上存在少量差异。综合型公园则会因季节变化，产生较大的"空间——行为"特征变化。

冬令时 夏令时

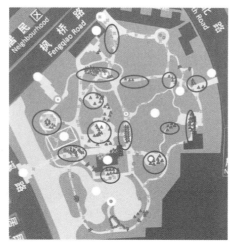 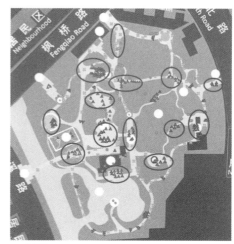

上午 07:30-08:30 时段

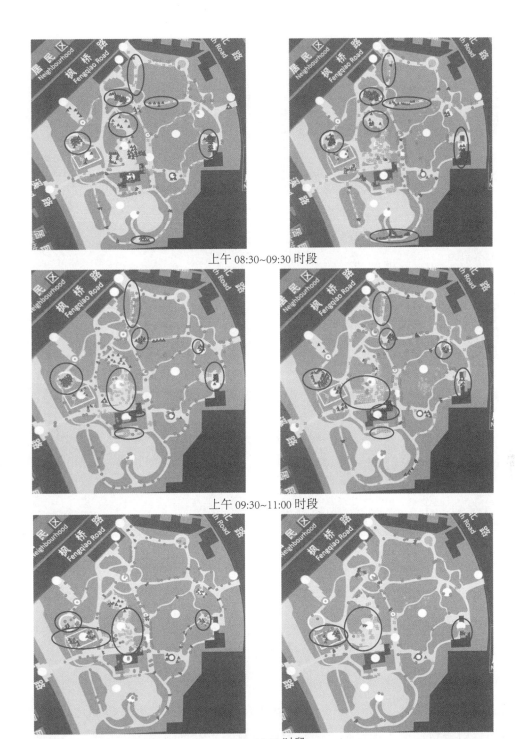

上午 08:30~09:30 时段

上午 09:30~11:00 时段

13:00~15:00 时段

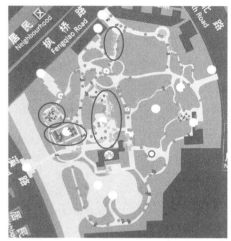

15:00~17:00 时段

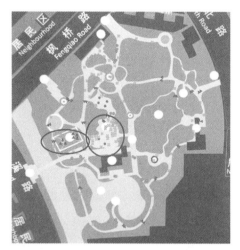

18:30~20:00 时段

图 3.2-14 曹杨公园冬令、夏令分时段行为注记比较

(4) 通过仔细研究综合型公园及日常型公园 13:00~15:00 时段中的"空间——行为"特征，发现冬令时的"空间——行为"特征普遍比夏令时有前置现象。例如曹杨公园冬令时 13:00~15:00 时段与夏令时 15:00~17:00 时段相似，同样，其 15:00~17:00 时段的"空间——行为"特征与 18:30~20:00 时段所展现的极为相似。通过比对分析，该类现象在被调研的日常型公园中普遍存在。因此可以推断，

日常型公园在 13:00~15:00 时段间，夏令时的"空间——行为"特征会比冬令时同样的"空间——行为"特征滞后一个时段出现。

通过比较分析不同季节和平公园、曹杨公园的分时行为注记结果可以看出，从冬令时段转变为夏令时段时，地图中标记的空间行为在上午时段：除了在活动人数上有所增加外，依旧保持以有组织及自组织小群为主要活动人群，"空间——行为"以这些小群体为中心，分别集中分布于各个小广场、空地区域。到了下午时段，冬令时较夏令时游客数量明显减少，仅有少量自组织小群及有组织小群维持夏令时的活动规律。通过分析曹杨公园两个季节的行为注记结果又可发现，冬令时 13:00~15:00 的活动与夏令时 15:00~17:00 的活动模式更为接近；冬令时 15:00~17:00 的活动与夏令时 18:30~20:00 的活动更为接近。

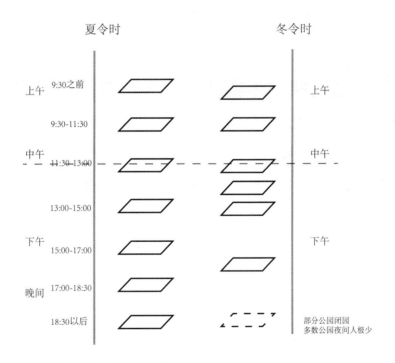

图 3.2-15 城市公园有机秩序的中观时间分层段结构

冬令、夏令时段的分层段结构，除了气候、日照等自然限制条件外，还会受到公园开闭园时间的影响。这一点在本研究中虽并未进行深入探讨，但在对古华园及闵行体育公园的观察中发现，临近闭园时，多数游客仍未有主动离开意愿，他们是被安保人员劝离公园的。因此，在人流量统计结果中会出现游客数量在最后一小时急剧减少的现象。

城市公园中的"空间——行为"的季节型分层段，具体表现为：不同季节公园中分时段行为特征不同。根据这一特征，及上文对于不同季节公园空间行为注记的研究结果，可将公园中"空间——行为"的时间按季节分解为冬令时和夏令时两个时段。这两个不同的季节在上午时段表现出相同的分时段"空间——行为"特征，但 13:00 以后，两个不同季节的"空间——行为"特征表现出平行错位的时间结构特征，即冬令时 13:00~15:00 时段与夏令时 15:00~17:00 时段的"空间——行为"特征相似，15:00~17:00 时段的"空间——行为"特征与 18:30~20:00 时段的行为特征相似。我们最终将这种平行错位的时间结构特征归纳为：城市公园有机秩序的中观时间分层段结构（图 3.2-15）。

3.3 城市公园有机秩序模式——人、空间、时间之间的关系

3.3.1 城市公园微观有机秩序模式

基于"空间——行为"的时段型、平假日型两类时间分层段结构，进一步深入细化并加入了关于活动人群的分类标记（后文 6.2 节中有对标记的具体诠释），总结归纳出 2 个维度的城市公园微观有机秩序模式（简称：微观有机秩序模式）及 4 种构成该模式的基本构成形态（图 3.3-1）。该图中横向维度表示的是一天中的各个时间段，纵向维度表示的是平日和节假日两种不同类型的时间层，每个时段中的独立小图中红色三角形表示有组织小群的空间行为，黄色叉表示自组织小群的空间行为，个人行为被标记为蓝色圆形图示，与 6.2 节分时行为统计中所用的标示方式一致。

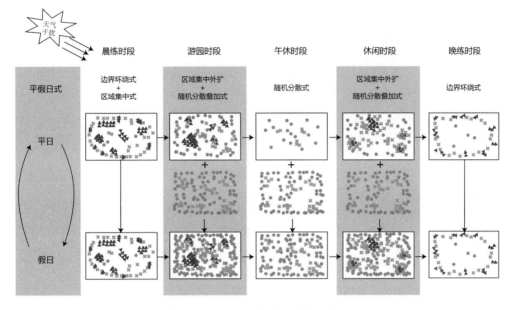

图 3.3-1 城市公园微观有机秩序模式

1. 平假日式有机秩序模式

图 3.3-1 纵向维度的三个层面描述了城市公园工作日与节假日时公园中有机秩序的递进式变化过程，称为平假日式有机秩序模式。经调研发现，在这一维度中，当时间由平日转变为假日时，城市公园"空间——行为"分布及活动内容在晨练及晚练时段不会产生明显变化，但是到了游园、午休及休闲时段，变化明显。在此三个时段中，假日层的"空间——行为"变化是基于平日层的基础上，叠加了大量个人及自聚集型小群行为所形成的空间模式。由此可见，在节假日时，城市公园中的空间活动往往会保持平日时的常见活动规律，同时由于大量旅游度假人群或闲逛的周边居民的加入，公园空间便呈现出区域集中式与随机分散式的叠加模式，其中随机分散式是由前来旅游的个人行为及各类自聚集小群行为分散在公园各个角落时共同构成的秩序模式。

2. 时段式有机秩序模式

横向的五个阶段为时段式有机秩序模式，其中包括：晨练、游园、午休、休闲、晚练五个时段。上午 9:30 之前是晨炼时段，此时公园中的访客主要由前来锻炼的有组织小群构成。上午 9:30~11:00 之间为游园时段，在这一时段，城市公园中的空间行为最为丰富，在晨间锻炼时段的"空间——行为"特征的基础上，叠加了大量的个人活动，这些个人活动与小群活动相互交织，使整个公园变得生机勃勃充满活力。13:00~15:00 为午休时段，此时公园内小群活动变少，取而代之的是大量个人活动，其中以休息的行为居多。15:00~18:00 之间是休闲时段，公园中呈现出以自聚集小群活动为主，有组织小群活动及个人活动为辅的空间特征。18:00 以后通常是晚间锻炼时段，此时人们多数选择在公园中走圈锻炼。

3. 微观有机秩序模式的基本构成形态

通过对五个时段中平日、假日时"空间——行为"分布特征分别进行分析，共归纳出微观有机秩序模式的 4 种基本构成形态：区域集中式、集中区域外扩式、随机分散式、边界环绕式（图 3.3-2）。

（1）区域集中式。空间中的活动以自组织小群为主，形成以活动小群为主体的"卫星型"分散于公园的各个广场、连廊凉亭等空间较为宽敞可容纳多人活动的区域。该类型有机秩序在活动区域内有集中聚集的现象，从整体看就像卫星一般散落在公园各处。构成区域集中式的活动时间及活动时长相对固定，活动频率很高，几乎一年四季维持每天不变。

 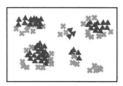 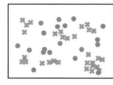 

区域集中式　　　　集中区域外扩式　　　　随机分散式　　　　边界环绕式

图 3.3-2 有机秩序模式的 4 种基本构成形态

（2）集中区域外扩式。这种形式是在区域集中式的基础上，吸收了旁观人群，形成以活动小群为中心向外逐渐扩散的模式。这类有机秩序在空间分布上与区域集中式基本一致，其活动形态基本围绕区域集中式展开。构成区域集中外扩式的活动人群大多是被活动吸引的路人，他们因为好奇或兴趣等个人情感因素成为活动的旁观者或参与者，使得原本的区域集中式产生向外扩张的状态。

（3）随机分散式。这种形式通常是由空间中的个人及无组织自聚集小群构成。这些人因为各自需求在公园中各处闲逛，找寻符合自己兴趣的活动进行参与，其变化性较大，空间分布的规律较为模糊，没有确定的活动起止时间，活动区域场地也相对不固定，以游走方式居多。

（4）边界环绕式。这种形式是对于围绕公园外围步道进行走圈锻炼的人群的活动方式的描述。其具体特征为活动人群沿着公园外围步道逆时针方向快速走动或跑步，活动时间为早、晚适合锻炼的时间，维持时长基本在1~2小时左右，活动空间仅适用外围步道及少量内部道路。

4. 微观有机秩序中基本构成形态的相互叠加效应

（1）在晨练时段，城市公园中的有机秩序主要是以有组织小群为主的边界环绕叠加区域集中式（图3.3-1），在城市公园的外圈步道中会有一些以走圈为主的自聚集小群的活动。此时段内，公园中的空间行为多数分布在小型空地及外围步道上，园中活动是以有组织小群为主的晨练活动，这一模式在节假日时并不会发生明显变化。参与晨练活动的人群多数为周边居民，其活动时间与活动场地基本常年固定，正是这样的"风雨无阻"，构筑了城市公园中晨练时段有机秩序的区域集中模式。同时，由于节假日期间在这一时段前来游玩的游客还未到达公园，这一时段的空间有机秩序不会发生明显改变，依旧保持区域集中式，人群数量及活动内容基本不变。

（2）游园时段，公园的有机秩序呈集中区域外扩与随机分散叠加式，城市公园中的"空间——行为"特征呈部分集中并向外扩散状,部分集中的是以有组织小群为主的锻炼人群,扩散部分基本是旁观者和聚集在一起活动的自聚集小群,还有些个人活动的加入。

这一时段,公园中的个人空间行为随机分散在公园各处,包括步道、草坪、广场、连廊、凉亭等场地。这些"个人"多数是没有明确活动目的来公园随意闲逛的游客,在图 3.3-1 中标记为蓝色圆点,是构成随机分散的空间行为分布的主要活动人群。

呈集中区域外扩的另一组成部分,是标记为黄色叉的是自聚集小群,这类人群的分布特征分为两种,一种是在以上时段的基础上形成逐步外扩的空间状态,这是由于公园中在上一时段原本存在的自聚集小群,因其有趣的活动吸引了更多"个人"的加入,从而进入"原地扩张"的状态。另一种则是一些新生成的自聚集活动,例如儿童设施附近的儿童游憩、长椅附近的喝茶聊天,小凉亭内的演唱等带有明确活动目的的访客。他们因个人爱好前来公园进行休息娱乐活动,进行此类活动的空间通常选择儿童游乐场、休息室、凉亭处、茶水间附近等带有一定特殊功能设施的场地。

(3) 午休时段,公园中的有组织小区和部分自聚集小群逐渐离开公园,仅剩一些午饭后前来公园散步休息的人群,他们多数选择停留在带有座椅且光照舒适的地方,有的人选择吹牛聊天,有的午睡片刻;散步走圈的人们依旧会选择在步道处逆时针绕圈步行;个人行为随机分散分布在公园的各处,此时的有机秩序呈现出松散的慢节奏状态,空间无明显聚焦点,这一特征称为随机分散式。

(4) 休闲时段,公园再度恢复到较为热闹的状态中,此时的"空间——行为"特征表现为区域集中并向外扩散状态与随机分散状态的结合,又回到了集中区域外扩与随机分散叠加式。区域集中向外扩散状态中,向外扩散的面积有时会大大超过集中面积,这是由于空间中唱歌、打牌、下棋、钓鱼等休闲活动会引来大量自聚集小群的围观。随机分散的多数为偶尔到公园游玩的游客。

（5）晚练时段，公园主要以边界环绕式为主，多数是在公园中逆时针走圈锻炼的自聚集小群。这些人群或是相约而至结伴走圈（在行为注记法及图 3.3-1 中标记为有组织行为的红色三角形），或是个人独自前往公园并加入到走圈这一共同的活动中（标记为黄色叉的自聚集空间行为），他们三三两两并排前行，前后保持着 3~5 米的距离，间隔性分布在公园的人行步道上，其分布形态与公园设置的步道形态相一致。

3.3.2 城市公园中观有机秩序模式

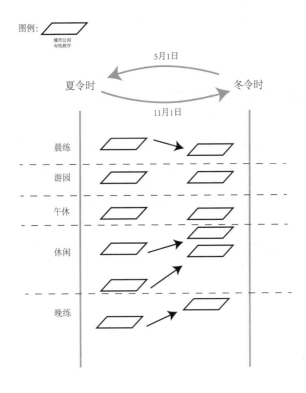

图 3.3-3 城市公园中观有机秩序模式

图 3.3-3 展现的是城市公园中观有机秩序模式（简称：中观有机秩序模式），既夏令时与冬令时的冬——夏循环交替式。

结合问卷调查结果，通过比较冬令时与夏令时空间行为注记的调研数据得出，与夏令时相比，冬令时公园开门时间较晚，关门时间较早。因日照长短不同，室外气温等因素的综合影响，冬令时公园内的空间行为持续时长普遍短于夏令时，晨练时段开始与结束的时间也较夏令时晚 30 ～ 60 分钟不等，但上午活动的时间分层段结构及规律与夏令时相仿。到了休闲时段与晚练时段，冬令时较夏令时变化较大，其中休闲时段的时长会大幅缩水，且结束时间也较夏令时提前很多。晚练时段的情况与休闲时段相似。

冬令时与夏令时的切换在每年的 5 月 1 日及 11 月 1 日。夏令时，城市公园空间行为的时间分层段结构处于等均分布型，冬令时上午仍然保持等均分布，而下午则被压缩成紧凑型。

3.3.3 城市公园宏观有机秩序模式

从宏观角度来说，城市公园有机秩序的发展主要分为五个阶段：形成前期、雏形期、成形期、迭代期与衰败期，这五种阶段不断循环发展，周而复始，产生了如图 3.3-4[159] 中的在时间脉络上螺旋上升的态势。

1. 形成前期 / 新建初期

城市公园新建初期访客数量较少，空间通常表现出一种无机秩序状态，空间中的活动个体与整体间并不产生联系，空间、人、时间三者间的关系几乎无任何规律可循，空间中的活动氛围处于一种没有任何活力的状态。

公共空间环境本身存在着秩序，包括时间和空间的秩序，但没有人或只有极少量人参与时，这种空间秩序是静止的，空间中的行为模式并不随着时间的流逝发生变化，也没有 C. 亚历山大所定义有机秩序时所提到的空间的"生气"与"活力"[126]，这时的空间中的秩序便是处于"无机秩序"状态，也是有机秩序形成之前的状态。

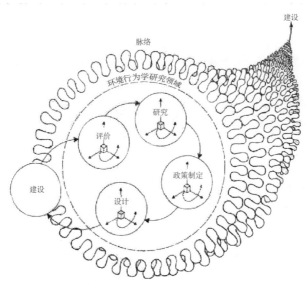

3 环境行为学的总体框架

图 3.3-4 李斌，基于 MOORE G T. 所著的 *Environment and behavior research in North America: History, developments, and unresolved issues* 一书中阐述内容所绘

2. 雏形期

1963 年爱德华·诺顿·洛伦茨对于混沌理论[219]的提出使得科学界逐步开始接受"随机"结果的"不确定"性，并打开了对自然界各种现象及非周期性规律的全新的探索视角。混沌理论提出，机体需要重复略有变化的行为，反馈来源于环境，这种环境选择了更适应它的行为得到生存，结构就是在没有可以设计和规划的情况下产生。宇宙间所有的复杂性、多样性都源于一些简单而毫无目的法则及其不断繁衍的结果，这个过程具有不可预测性。

这种"重复略有变化的行为"的状态在人类活动中同样存在并形成"混沌"的状态。混沌状态是指表面看似混乱无规则的状态，实际存在着一种看不见的"隐藏的秩序"，是有机状态的雏形，随着时间的流逝，这种"混沌"会根据人们周而复始的生活规律变得有迹可循。在城市建设中，大多数"混沌"归因于对空间的渴求，出于对生存环境的适应本能，这种现象在很多旧城区的大街小巷中可见。

自发组建的城市空间多是从混沌开始的。如二次大战后的东京，由于"对于住宅内部极度关心的日本人，似乎对自家以外的秩序毫不关心。灯杆、电线、围墙或铁丝网、阳台上的晾晒衣物、室外的广告牌灯"等有碍城市景观的状态在街道上大行其道，"于是东京就渐渐形成了世界罕见的混沌无序的城市景观[220]"。城市发展的历史，应该是从"混沌"循环交替并转化为"有序"的过程，在"混沌"和"有序"的相互变换中成长起来。

3. 成形期

当一定数量的人逐渐进入空间中，各类互动开始产生，空间中原本均匀的时间规律被打破了。伴随着活动周而复始的开始、结束，时间的秩序被改变。在这样充满活力的空间中，人们对时间的感知变得不再是均匀的流逝感，而是有节奏起伏地分段式排列进行，并伴随着各种活动的展开。此时空间中的时间规律跟随着人们活动的展开，出现了空间活动的时间分层段现象。

图 3.3-5 和平公园（左）曲阳公园（右）广场上两组打太极的人（无人机航拍，作者自摄）

图 3.3-6 曹杨公园太极团（上左）、民星公园太极团（上右）、和平公园体操队（下）

随着进入空间中人数的逐渐递增,活动开始聚集,变成了一个个小型群体(下文中简称"小群")，这些小群的周围流动着各色行人，有的人会加入小群成为小群中的一部分，有的人驻足观看成为观众，有的人闲逛路过……但这些行人的行为并不会对小群的秩序本身产生巨大的变化性影响，小群依旧，路人依旧，观众依旧，日复一日。

原本的空间被分解，有机秩序悄悄形成，改变了其原有布局：稍大的广场被无形切割成了小块（图 3.3-5）；广场边的步道被纳入了广场范围甚至还有延伸到其他步道的趋势（图 3.3-6）；十字路口或很少人行走的道路被当作活动空地（图 3.3-7）；半围合的方形或三角形空地变成了圆形的舞池（图 3.3-8 交谊舞）。这一切的"空间规划"并不是活动发起、组织者刻意安排，也不是设计师最初设计方案，而是在小群活动时，新加入的人根据自己对于空间的认知，经判断后所选定的位置逐步累加后形成的，随着新人的不断加入，这种有机秩序便越发鲜明，小群的领域性也愈发强烈。这类无意识的空间规划现象便是有机秩序的成形过程，也是参与者对空间认知的外化过程。

莘庄公园道路上活动的交谊舞队　　　　　　曹杨公园中十字路口活动的舞蹈队

图 3.3-7 公园中在道路上或十字路口活动的小群（作者自摄）

图 3.3-8 曹杨公园中的交谊舞（作者自摄）

4．迭代期

随着时间的慢慢流逝，人们的活动内容不断发生改变，形成新一代的有机秩序。一代又一代的新有机秩序伴随着时间变化缓慢更替，在历史长河中形成令人印象深刻的具有特色的片段，这便是有机秩序的迭代。

5．衰败期

（1）环境、设施等条件的日渐陈旧导致的人群流失

姚如娟在"空间活力场"[169]理论中提出，空间环境与人互动产生相应的"场"，这种场会产生积极或消极的不同效应，若为负向消极效应时，空间环境将逐步走向衰败。

在前期研究走访的过程中，有一类公园中很少见到有人的活动，但是在离这些公园临近的另一个公园中却充满各类活动，显得生机勃勃。例如图 3.3-9 是位于民星公园附近的硕园，两个公园的入口仅相隔 270 米，相对于民星公园，硕园的入口更靠近居民区（图 3.3-10），但是民星公园中有面积及光照适宜活动的小广场、设计合理的步行道、人性化的公共设施（图 3.3-11）吸引着人们，使得那里的空间充满活力。走进硕园，给人一种萧条、无生气的整体感觉，而随着时间的推移，这样缺乏吸引力的空间会变得无人问津，慢慢地再度回到"无机"的初始状态，这便是有机秩序的逐步衰败现象。而导致这种现象出现的原因之一，可能与公园的设计有着密切关系，也可能是附近新建公园更好的环境吸引了游客，使得游客逐渐流失所造成的。

图 3.3-9 硕园中的景观（左图）及活动（右图）（作者自摄）

图 3.3-10 硕园与民星公园入口间间隔距离（百度地图显示）

图 3.3-11 民星公园中的步道（左）、广场（中）、挂衣设施（右）（作者自摄）

（2）外力作用下有机秩序的解构

图3.3-12是2019年1月6日（周日）冬季下午4点时所拍的和平公园健身器材角的活动情况，当时天气阴冷，且因前一天刚下过雨地上仍有积水，但是该健身角依然充满活力。经询问，这些退休中、老年人中不乏一些运动爱好者，他们每天都会来此锻炼，探讨切磋单、双杠技艺，图3.3-13为62岁马拉松爱好者汪先生的双杠后翻展示。图3.3-14是经过改建的配备了带有太阳能功能的各类智能化健身器材的健身角，铺了有利于健身的塑胶地面，相较于原先的水泥地、单双杠等，改建后的设施看上去更吸引人，按照常规逻辑推断，更好的设施应该会有更多的人愿意来这个空间活动。但实际使用情况却并非如此，图3.3-14拍摄于2019年4月20日，相较于2019年的调研，该场地显得冷清了许多，原本运动角的"常客"不见了，取而代之的是更多"亲子活动"的人群。后经微信访谈得知，的锻炼人群去了别的地方，因为改建后的器材不适合他们锻炼高难度的动作，另外，他们觉得智能的运动设备没有简单的双杠更好用。

和平公园健身角的改建打破了原本已经形成的有机秩序。因建造需要，临时关停了原本已经形成小群秩序的空间，使得小群中的人们不得不更换场地，而改建之后的设施与原先健身锻炼的小群需求不匹配，造成了这些常年活动人群的流失，这时原本已经成形的有机秩序因外力作用而被迫解构了，并逐步形成了新的有机秩序。

图3.3-12 和平公园健身器材角的活动（改建前）　图3.3-13 运动爱好者的双杠后翻展示（改建前）

图 3.3-14 和平公园的健身角（改建后，作者自摄）

  基于城市公园有机秩序的不同发展阶段，宏观有机秩序可归纳为有机秩序的出现、形成、持续和解构四个阶段。如图 3.3-15 所示，随着时间的不断推进，城市公园有机秩序的雏形阶段开始出现，此为第一阶段（出现阶段）。伴随着公园中活动的持续，有机秩序逐步形成，此为第二阶段（形成阶段）。公园中的"空间——行为"随着时间的变化而发生改变，形成不同的"空间——行为"特征，这些特征不断迭代并持续推动着有机秩序的发展，此为第三阶段（持续阶段）。最终公园可能因改造或设施的淘汰而迫使活动终止，活动逐渐撤离空间，此时有机秩序逐渐衰败，此为第四阶段（解构阶段）。

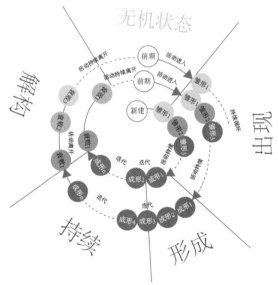

图 3.3-15 城市公园宏观有机秩序的迭代演进

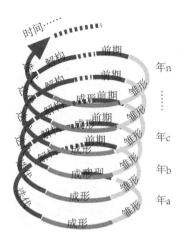

图 3.3-16 城市公园宏观机秩序模式的螺旋上升

图 3.3-16 所表现的是经长年累月的发展，城市公园宏观有机秩序模式的持续演化形态，即在图 3.3-15 基础上的升华。图 3.3-15 所强调的是宏观有机秩序在每个时间阶段中的迭代演进的过程，图 3.3-16 则是基于纵向的时间跨度视角，强调宏观机秩序模式的螺旋上升形态，表示有机秩序并不是单纯周而复始循环新生，而是在不断新生的过程中，根据时代的不同维持了发展演进的变化过程。

随着时间的推移，空间中的有机秩序在时间的维度上，整体呈螺旋上升状态，称为螺旋上升式（图 3.3-16）。经历了从新建（形成前期）到雏形期，从雏形期到成形期，从成形期到迭代期，从迭代期到解构期，最后又开始新一轮的出现——雏形——成形——迭代——解构的循环。这是一个城市公园有机秩序不断成长的过程，也是中、微观有机秩序不断变化、迭代、积淀的成果。在这一过程中，中观和微观有机秩序的时间分层段结构最为凸显的时期为成形期和迭代期。这两段时期中，公园中的有机秩序变化小且发展相对稳定，变得有迹可循，是适合于设计师们作为研究对象的时期，也是本研究中被抽样公园正在经历的时期。

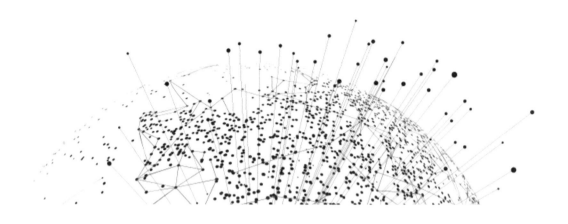

第四章 城市公园有机秩序化设计方法

　　有机秩序化设计是指在设计的过程中，根据不同时段的人在同一空间中获得的效应、不同空间的人在同一时段获得的效应、不同的人在同一时段的同一空间中获得的效应三个方面达到的动态平衡的规律，在原有追求局部设计人性化的基础上，对空间设计进行优化。该设计方法更为尊重空间使用者的使用逻辑及其活动的时间秩序规律，尊重人类活动在空间中的有机生长的过程及结果，追求的是随着时间变化而持续产生的"人性化"设计体验，是对于原本"人性化"设计理念的提升。

　　与其他设计方法相比，有机秩序化设计更为尊重空间使用者对于空间的原有认知，强调的是设计效应的持续性。通过在自然环境中（非实验室环境）解析连续时间变化下的空间行为及其变化规律，将连续行为分解归纳为不同时间分层段视阈下的行为模式，并梳理模式间的相互关系，针对每一种模式作出设计方法引导，同时综合考虑模式本身的变化、迭代等过程及模式间的相互依存关系，使设计更符合人们动态活动规律，以达到城市公园空间设计"持续满足"各类"用户需求"的"持续人性化"设计目标。

　　城市公园作为典型室外公共空间之一，其使用者的多样性、空间环境的复杂性、时间变化的异质性等不确定因素，往往给设计师带来巨大的挑战，在连续不断的时空中，如何找寻使用者的空间行为规律，并根据其行为特征提出可供设计师参考的具有实践价值的理论依据是本文研究的意义所在。

4.1 城市公园有机秩序化设计方略

4.1.1 基于空间活动时间分层段结构的设计调研和定位

　　景观规划设计三元论 [221][222] 中归纳了景观设计的三大元素：景观环境形象、环境生态绿化、大众行为心理。城市公园作为城市中提供人们游憩、休闲的公共空间，其设计离不开对空间使用者行为模式的深入研究。

人在空间中活动行为的连续性、不确定性通常给设计师的调研工作带来很大困扰，如何在连续变化的行为中找出其规律并发现空间中的设计问题，是城市公园设计信息获取及资料收集中的难题之一。

本书提出的城市公园有机秩序模式及空间行为的时间分层段结构可以为设计师的调研提供框架性指导建议。根据不同的有机秩序模式系统地观察空间中的行为，以避免设计师在某一时段的调研结果导致以偏概全的研究结果。同时，根据空间行为的时间分层段结构，也可以更合理规划及分解研究时间，帮助更准确作出相应判断，提出更为人性化的设计建议。例如，对于晚间时段边界环绕型的行为空间特征的研究，可以设计布局合理的照明系统，既不破坏自然界的生态平衡[223]，也可以为夜间的锻炼增添一份安全保障。又如，儿童游乐设施的设计调研应该安排在休闲、游园时段，并选择假日型公园和日常型公园分别展开研究，观察以儿童游乐设施为中心的空间单元，从整体视角理解整个设施所在区域及周边配套之间的关系，依照宏、中、微观有机秩序模式设定符合人性化理念的设计定位。

4.1.2 时间分层段视阈下城市公园有机秩序化设计程序

城市公园的有机秩序化设计程序分为三个主要阶段。首先，从微观时间分层段视阈下的有机秩序模式出发，根据公园的平日、假日、综合型的类型定位，对公园中的空间作合理布局，将区域集中式、集中区域外扩式、随机分散式、边界环绕式的有机秩序基本构成形态，按"避免相互干扰"及"充足的外扩空间"的主要逻辑进行空间布局设计。其次，将小群活动的空间作为设计单元，置入基于微观秩序得出的空间布局中，并基于小群活动的需求，对空间单元的小气候及设施作具有针对性设计，使其更符合使用者"认知"的空间和使用者的"需求"。最后，根据宏观有机秩序模式，对公园的选址、入口位置、围墙及近围墙处功能区的设计作整体规划，以达到加速促进宏观有机秩序模式由雏形期转变为成形期的设计目的。

4.1.3 微、中、宏观的实效性一体化有机秩序建构

城市公园中有机秩序的形成是随着人们活动的产生而逐步形成的，通过人工手段进行行为干预，使其达到持续"有机"的理想状态。有机秩序的建构应从宏、中、微观三个层面立体式进行(图4.1-1)，而非单一强调其中一个视角而忽视其他。因此，从微、中、宏观的视角，对城市公园的设计进行实效性一体化的有机秩序建构，是有机秩序化设计方法的核心内容。其中的实效性指的是设计方案实施的可行性及实施效果的目的性。实施的可行性是方案的创意、设计、理念及操作的可行性，实施效果则是目的的至达程度与效果。

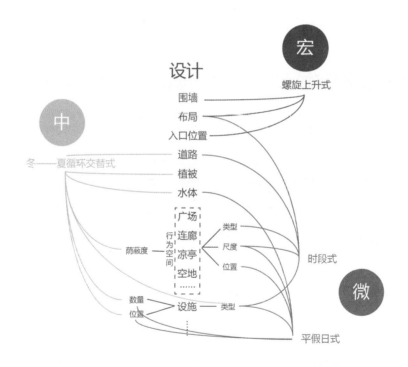

图 4.1-1 微、中、宏观的有机秩序模式与设计元素间的相互作用

城市公园的有机秩序化设计，是要从微、中、宏观三个层面对于其设计的实效性进行综合且整体的把握（图4.1-2），使其不仅在单一层面达到一定平衡，在整个系统中也能相互协调，彼此促进，让设计介入空间后依旧达到真正意义

上的动态平衡，构建出理想的有机秩序状态，尊重使用者对空间原有的认知，使城市公园空间充满活力。

图 4.1-2 微、中、宏观的时效性一体化设计方法

4.2 基于微观有机秩序模式的城市公园设计方法

微观视角下的城市公园有机秩序化设计方法，是聚焦突出微观的实效性一体化探索，基于城市公园空间行为时间分层段结构，解析空间行为在不同时间段的不同模式特征，为设计师在公园类型定位及空间布局上提供整体思路，旨在让设计更符合空间使用者的认知，加速促进有机秩序的建构，同时减缓有机秩序的衰败进程。

4.2.1 基于平假日式有机秩序模式的城市公园设计分类

基于城市公园微观有机秩序模式的研究结论，公园中的空间行为在平日和节假日时表现出不同的特征。假日时，公园在游园、午休及休闲时段的空间行为，是在平日同一时段空间行为分布的基础上，叠加大量个人及自聚集型小群行为后所呈现的行为空间特征。公园中大量涌入的度假人群，加剧了"随机分散式"的空间行为分布特征。从用户的视角出发，根据城市公园平、假日时有机秩序模式的不同，设计师可将公园分为假日型公园、日常型公园、综合型公园三类。

1. 假日型公园

在被调研的公园中，闵行体育公园属于典型的假日型公园。这类公园在晨练时段，仅有少量有组织小群在靠近出入口的广场上进行活动，公园内多数是个人的随机分散式锻炼行为，空间中的区域集中式特征并不明显。图 4.2-1 左边图是闵行体育公园上午 7:30~9:30 的空间行为注记结果，删除公园地图后可以发现，空间中的有组织小群活动基本集中在入口处附近（红色圈标记），且活动人群并不密集，导致区域集中式的空间特征不明显。但这一时段闵行体育公园内有机秩序的边界环绕式特征依旧明显，公园中前来锻炼的走圈及跑步人群沿着公园的步道构成了人群的环型分布状态。

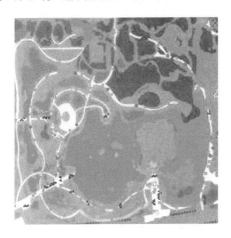 

图 4.2-1 闵行体育公园上午 7:30~9:30 的空间行为注记结果分析

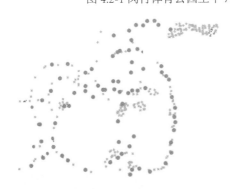 

游园时段上午 9:30~11:00　　　　　　　　　午休时段 13:00~15:00

休闲时段 15:00~17:00

图 4.2-2 闵行体育公园三个时段行为注记结果

闵行体育公园在游园、午休、休闲三个时段中的空间行为展现出"集中区域外扩"与"随机分散式"叠加的空间行为特征。图 4.2-2 为闵行体育公园三个时段行为注记去除地图后的行为分布结果，其中红色圆圈标记的区域在游园时段呈现出"区域集中"的特征，到了后两个时段（午休、休闲时段），该区域则出现"外扩"的特征。在这三个时段内，公园中的个人活动随机分散在各个角落，与"区域集中"行为特征相叠加，整体呈"集中区域外扩"与"随机分散式"叠加的状态。晚练时段（18:00~20:00）闵行体育公园已经闭园，因此暂无这一时段假日型的空间行为统计结果。

假日型公园在节假日期间，空间的有机秩序主要包含了 4 种基本构成形态建构的 2 种特征："边界环绕式"叠加少量"区域集中式"；"集中区域外扩"与"随机分散式"叠加。其中，第一种主要出现在晨练时段。其余时段基本为"集中区域外扩"与"随机分散式"叠加为主。

2. 日常型公园

日常型公园无论是假日还是工作日，都持续扮演着"家门口后花园"的角色，是周围居民早间锻炼、下午日常休闲娱乐的主要场所之一，因此其空间有机秩序并不会随着节假日的周期变化而产生较大变化。在被抽样公园中，面积在 7 公顷以下的公园均表现出日常型公园的有机秩序特征。

以曹杨公园为例，图 4.2-3 是曹杨公园分别在晨练、游园、午休、休闲、晚练 5 个时段去除地图后的空间行为注记结果。从图中可以清楚的发现，日常型公园的微观有机秩序模式遵循前文 3.3.1 的研究结果，分为 4 种基本构成形态：区域集中式、集中区域外扩式、边界环绕式、随机分散式。在公园中，因不同时间段空间行为的不同，这 4 种基本构成形态演化为 5 种不同的叠加组合特征：边界环绕叠加区域集中式；集中区域外扩与随机分散叠加式；随机分散式；集中区域外扩与随机分散叠加式；边界环绕式。这 5 种空间行为特征交替出现，最终构成了公园的微观有机秩序模式。

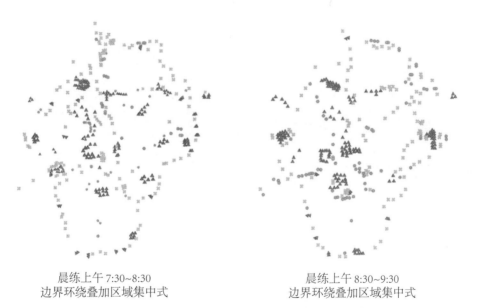

晨练上午 7:30~8:30
边界环绕叠加区域集中式

晨练上午 8:30~9:30
边界环绕叠加区域集中式

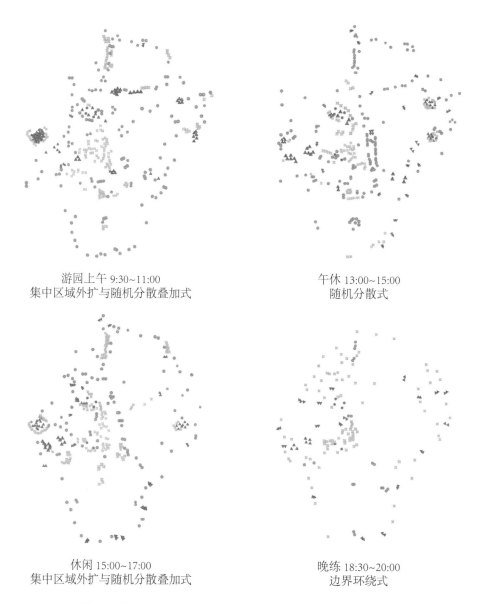

游园上午 9:30~11:00
集中区域外扩与随机分散叠加式

午休 13:00~15:00
随机分散式

休闲 15:00~17:00
集中区域外扩与随机分散叠加式

晚练 18:30~20:00
边界环绕式

图 4.2-3 曹杨公园分别在晨练、游园、午休、休闲、晚练时段空间行为注记结果

3. 综合型公园

综合型公园在节假日晨练时段所呈现出的行为空间特征与日常型公园相一

致。上午 9:30~11:00 时段是游园时段，总体呈现出假日型公园和日常型公园叠加后的状态。这类公园在早上聚集着有组织活动的人群，近 9 点时公园中度假游玩的游客开始逐步增加。下午公园聚集了大量到访的游客，此时公园的角色整体转换为假日型公园，其行为空间特征与假日型公园下午时相似。在被抽样的公园中和平公园和古华园均体现出此类特征。

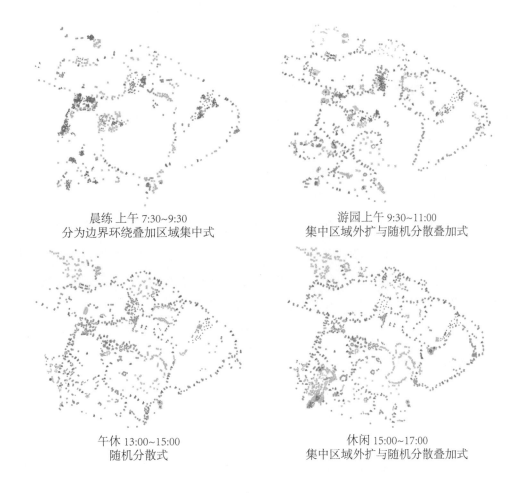

晨练 上午 7:30~9:30
分为边界环绕叠加区域集中式

游园上午 9:30~11:00
集中区域外扩与随机分散叠加式

午休 13:00~15:00
随机分散式

休闲 15:00~17:00
集中区域外扩与随机分散叠加式

晚练 18:30~20:00
边界环绕式

图 4.2-4 和平公园"五一"假期空间行为注记结果

以和平公园"五一"假期时的空间行为注记结果为例，去除地图后，其空间行为特征如图 4.2-4 所示。公园在各时段内的空间行为特征与日常型公园相似，有所不同的是，在游园、午休、休闲时段中，公园内的空间行为还叠加了大量与假日型公园类似的"随机分散式"特征，空间中的集中区域由"集中式"变为"外扩式"的特征依旧维持，空间呈现出日常型公园与假日型公园空间行为特征的叠加状态，空间活动热闹非凡。

4.2.2 基于时段式有机秩序模式的公园空间布局设计

前文 3.3.1 中，将微观有机秩序模式分为两个维度，平假日式及时段式。文中将微观有机秩序模式总结分析出 4 种基本构成形态：区域集中式、集中区域外扩式、随机分散式、边界环绕式。在不同时段，公园中的空间行为特征表现为这 4 种形态间相互交叉叠加的状态，晨练时段为边界环绕式叠加区域集中式；上午的游园时段和下午的休闲时段表现为集中区域外扩叠加随机分散式；午休时段为随机分散式；晚练时段表现为边界环绕式。基于上述研究结果，可通过整体把握不同时段公园空间行为特征，对空间布局进行设计。

1. 基于区域集中式的空间布局

区域集中式中，城市公园空间中的活动主要以队列类行为为主，这类行为所在的空间（后称"行为空间"）通常为小型广场或空地，活动人群具有极强的领域意识且活动中伴有产生噪音的音乐，因此在行为空间布局的设计上，各小群活动的区域间应保持一定间距，以免造成小群间的相互影响而产生矛盾。

国家标准《声环境质量标准》GB3096-2008[224] 中，将居住区声环境标准设定在昼间(6 时至 22 时) 限值为 55dB, 根据许婧婧 [225] 的研究结果显示，在无遮挡条件下，广场舞活动噪音在 50m 处可衰减至 60dB 左右，因此建议，从行为空间的声源中心位置到相邻活动区域边界距离应尽可能控制在 50m 以上，如图 4.2-5 所示。活动所在区域的边界设计可选择柔性边界的方式，便于空间活动在进入下一阶段"集中区域外扩"模式时有足够的空间容纳新加入活动的人群。该类型的行为空间在公园中的位置应优先安置在靠近入口及近马路的围墙附近，其原因将于下文关于围墙及周边功能区设计中做进一步分析阐述。

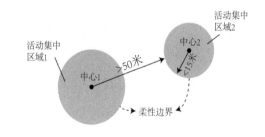

图 4.2-5 声源中心位置到相邻活动区域边界距离

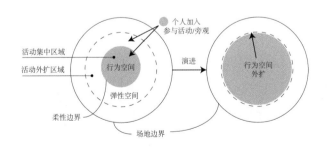

图 4.2-6 集中区域外扩式中行为空间与弹性空间关系示意图

2．基于集中区域外扩式的空间布局

集中区域外扩式主要出现在游园时段和休闲时段。这两个时段公园空间活动最为丰富，几乎包括了所有的活动类型，区域外扩模式中的空间行为除少量队列类行为外，还包括一些领域内集中、领域聚集、领域内散点分布、沿场地边界散点分布的空间行为。以领域内集中、领域聚集 2 类行为最为凸显，同时伴有部分个人行为。除小型广场外，区域集中外扩模式还会在凉亭、长廊等有集中座椅设施且相对私密的空间进行活动，活动的周围一般会吸引大量路人驻足观望，在原本集中人群的周边形成包围圈，随着人们的不断加入，有向外扩张的趋势产生，这便是集中区域外扩的有机秩序模式。

相较于区域集中式的构成形态，集中区域外扩式中行为空间的尺度需具备更大的弹性空间，便于容纳空间活动外扩时新加入活动的人群（图 4.2-6）。第六章中图 6.1-6 的合唱活动是典型的集中区域外扩模式之一，由于长廊外部被花坛的灌木占据，空间外扩的弹性不足，难以容纳更多"新人"的加入，因此导致人们踩踏花坛内植物的现象发生。解决这一问题，可将长廊两侧的灌木改为方便人们踩踏的草地或步道，抑或在设计之初就考虑适合这类活动的行为空间，便于需要时空间的弹性扩张，以避免"不文明"行为的发生。相对而言，6.1.3小节中的图 6.1-7 的设计更符合集中区域外扩式中的空间行为特征，因此，在这类空间中的演唱活动会吸引更多的观众驻足观赏，提升空间活力。

当公园内部空间用地紧张时，这类行为空间的布局设计可借鉴上文中针对"区域集中式"的布局建议进行设计，即用拉开区域间距离的方式来保障区域的声环境及私密性。孟琪等[226]对广场舞与开放空间声舒适度及活动噪音干扰实测分析结果得知，开放空间中距广场舞声源在 2~15 米和 15~30 米范围时，使用者听到的声音频次分别为 64.5% 和 41/5%。由此推论，集中区域的大小应设计为半径小于 15 米的中心活动型区域，外扩区域可预设为离中心点 30 米的范围之内（图 4.2-7）。

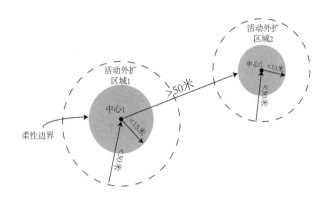

图 4.2-7 集中区域及外扩区域的尺度设计建议

承载集中区域外扩式的场地空间，可根据地形地貌、景观美学等其他风景园林相关设计原理穿插设置在区域集中式所在空间之间，或共用部分空间，同时连接道路、绿化等其他设计元素，形成最终公园内部布局框架。

3．基于随机分散式的空间布局

随机分散式主要描述了个人行为在空间中的状态，经观察研究，个人行为因其随机性较强，通常没有明显的空间特征，只有当个人加入到小群活动中时，才会产生固定的活动模式，因此对于随机分散式的空间布局设计，无需作太多考量。该类型的空间活动一般由个人完成，随机分散在公园中的道路、座椅、草坪、运动设施附近等区域，有些人会在部分区域作一定停留，有些则是在公园中持续移动，如散步、闲逛等活动，空间布局的变化并不会影响他们活动的内容及空间分布规律。

4．基于边界环绕式的空间布局

边界环绕式通常出现在晨练和晚练时段。晨练时段，该特征与区域集中式叠加出现在公园中；晚练时段，公园中多数为单一的边界环绕模式。边界环绕式表达的通常是到公园参与跑步或走圈活动的人群，沿着公园步道逆时针绕行所形成的空间行为特征。健身步道是这类活动主要发生的场所，步道的位置布局应尽量环绕公园边界设置，尽可能不从公园内部主干道或广场中穿越，以免与公园晨练时段的其他活动产生场地冲突。经观察发现，"走圈"人群多以 2~3 人结伴并排前行居多，最高可至 5 人同行，因此，步道的宽度需尽量满足 3~4 人并肩同行，按照人体工程学 [227][228] 双边双人及双边四人走道宽度标准，即 2~3 米宽度。

4.2.3 不同类型公园空间布局设计的差异化原则

平日型、假日型及综合型公园在其空间布局上应遵循着相似的设计方法，即根据不同的有机秩序模式，按照空间行为的时间分层段结构规律，对行为空间在公园中的尺度、位置分布及空间间距作合理布局。

由于不同类型公园中的时段式有机秩序模式不同，因此各类活动空间的尺度及数量的需求上却存在着较大的差异。日常型公园分为边界环绕叠加区域集中式、集中区域外扩与随机分散叠加式、随机分散式、集中区域外扩与随机分散叠加式、边界环绕式的 5 种特征。假日型公园空间的有机秩序主要由 2 种特征构成：边界环绕式叠加少量区域集中式；集中区域外扩与随机分散式叠加。其中，边界环绕式叠加少量区域集中式主要出现在晨练时段。其余时段基本为集中区域外扩与随机分散式叠加为主。综合型公园则包括了全部类型的特征，是假日型与平日型公园的总合。

1. 假日型公园的空间布局原则

在各类活动空间的数量及尺度方面，假日型公园需为集中区域外扩、随机分散模式中的活动提供大量的活动空间（如儿童游乐场、草地、球场等），尽可能设计成大尺度空间，让这类活动有更多的弹性空间，便于度假人群聚集活动，形成一定的活动氛围。对于如小型广场、长廊凉亭等供人们晨练用的空间，仅需在假日型公园靠近居民区的入口附近设置即可，为晨练时段少量区域集中式的活动提供相应场所。

2. 平日型公园的空间布局原则

平日型公园的情况与假日型公园恰巧相反，需更多考虑区域集中式、集中区域外扩式及边界环绕式的空间行为特征及需求，提供更多此类模式的活动专用功能区域，同时可根据空间的客观条件，适当选择配备部分随机分散式活动的场地设施。

3. 综合型公园的空间布局原则

综合型公园则需整合日常型及假日型两类公园的行为空间设计方式，在近入口及近马路的围墙附近提供区域集中式的活动空间，在公园内部穿插设置区域集中式、集中区域外扩模式下的行为空间区域。同时为旅游度假人群提供大面积适用的集中区域外扩、随机分散模式的行为空间。

4.3 基于中观有机秩序模式的城市公园设计方法

城市公园中观有机秩序化设计方法是聚焦突出中观的实效性一体化探索，是对如何维持已形成的有机秩序，并通过合理的设计聚集"人气"，将其推进发展至成形期的具体设计方法及建议。

在上文 3.2.2 节中归纳了城市公园中观有机秩序模式，既冬——夏循环交替式。该模式主要解释了在下午休闲时段及晚间锻炼时段，冬令时的空间行为时长会较夏令时大幅缩水，冬令时的下午时段，有些公园中的游客寥寥无几，与夏令时的热闹景象相差甚远。

城市公园中空间行为的季节型时间分层段结构研究结果表明，在季节变化时，有时公园会出现活动骤减或平日与假日转换的情况，季节性的变化对上午的晨练活动会在人群数量规模上产生影响，午休、休闲时段中该现象尤为凸显，寒冷的天气导致自组织小群及个人活动明显减少甚至消失。设计出适用于不同季节条件的空间环境，提升游客在四季时的游园体验，是本小节的重点：通过空间小气候，公共设施两个方面进行探讨。

首先，应营造良好的空间热舒适性，对空间的小气候进行规划设计，是园林景观设计师们重视的研究话题之一 [229][230][231]。其次，空间中的设施应符合不同季节活动人群的需求。公园空间中的设施设计应是基于不同季节条件下，小群活动的研究视角而展开的"人性化"设计探索，需对每个独立的小群行为空间进行具有针对性的设施设计研究，将小群的活动空间看作独立的个体，并针对这类群体在空间中的活动特征及群体共同的需求提供对应的公共设施，以提升小群对空间的使用感受，从而提升公园整体设计及使用者体验。

对于中观有机秩序的把握，有利于设计师拓宽原本的空间及公共设施设计的视野，为设计实践的展开提供新的思路。

4.3.1 基于冬 —— 夏循环交替式有机秩序模式的空间小气候设计

根据问卷统计及空间行为观察研究的结果，城市公园空间中的活动主要由小群活动构成，因此提升小群行为空间的品质，优化空间在不同季节中的使用体验，是城市公园中观有机秩序化设计的重要途径。

公园中小群可分为队列类、领域内集中、领域内移动、领域内聚集、领域内散点分布及沿场地边界散点分布的空间行为类别。空间行为与小气候相关的设计，多数是从小气候条件因素对空间中人群的热舒适性角度出发的设计研究。影响人的热舒适性因素除了与外部客观环境相关的太阳辐射、空气温度、相对湿度、风速、水体 [232][233][234] 等条件之外，与人在空间中的活动强度也息息相关 [235]。因此，空间中的小气候设计，应是针对不同空间行为活动的运动强度提出的设计方案，以探索不同运动强度时的空间行为对小气候的需求特征。

为了更好理解不同类型小群的运动强度特征与小气候间的关系，文中将小群活动根据其运动强度，分为运动类小群、静止类小群、运动——静止交替类小群。对照本书 5.3.3 节中 6 类基于小群空间活动有机形态的分类，根据各类小群活动内容及运动特征，将队列类、领域内移动类归纳为运动类小群，主要以到公园参与健身锻炼活动为主；领域内集中、领域内散点分布可归纳为静止类活动小群，该类型小群在公园中运动较少，主要为长期久站或久坐的交往行为为主；第三类为动——静交替类行为，主要包括了领域内聚集、沿场地边界散点分布，这类活动人群时而进行剧烈运动，时而则旁观休息，两类活动交替进行。

1. 运动类行为空间小气候

队列类、领域内移动类及参与"走圈"活动的小群都属于在公园中以"锻炼身体"为目的的活动人群。他们对于所在行为空间不同季节时令的热舒适性需求基本一致。夏令时，这类人群偏好在通风环境良好、荫蔽度[236]较高、天空可视度 SVF（又称天空开阔度）较低[237][238]的场地中进行锻炼。其空间中的植物、铺装、水体等方面的设计原理可依据张芯蕊[239]、晏海[240]、栢春等[241]对于绿地、广场等公共空间小气候及热舒适度的研究结论，提出对应的控制日照、风速等因素的景观设计建议。图 4.3-1 是张芯蕊[209]基于 ENVI-met 的公园绿地热舒适度优化的广场植物设计策略，采用顶部及双侧的复合遮荫形式，夏季降温增湿；同时为控制风场，调节不同季节的盛行风向，西北侧种植分枝点较高的落叶乔木，有利于夏季通风，东南侧则种植分枝点较低的常绿树种，使冬季挡风效果明显。诸如此类的设计建议均适用于运动类行为夏季时的行为空间景观设计。

冬季时，公园中坚持锻炼的人群运动强度与夏日相比依旧不减，因此，在太阳辐射强烈的日子，多数人喜爱半阴凉处，即有部分阳光遮挡处进行运动。经访谈得知，冬季虽气温较低，但在阳光下进行剧烈运动依旧会有"过热"的体感。因此，在冬季，上部空间的植物设计应以常绿女贞属乔木[242]结合枝干密集的落叶乔木间隔种植，达到冬季部分遮阳的效果。行为空间外围边界的中下部空间，应根据不同季节风向特征设计阻碍风场的植物配置。例如在西北方向设计密集的低杆树丛群或用冬青绿篱进行围合，以期达到冬季挡风功效。

图 4.3-1 基于 ENVI-met 的公园绿地热舒适度优化的广场植物设计策略 [209]

2. 静止类行为空间小气候

静止类行为指的是在公园中长时间坐着或站立，不以健身锻炼为活动目的的活动，包括领域内集中 (交谊舞活动除外)、领域内散点分布 (走圈活动除外)、沿场地边界散点分布三类小群空间行为。这类小群活动较常出现在一天中的游园时段及休闲时段。除交谊舞外，此类活动多为"久坐"的活动状态，运动量低，除偶尔在小组间来回走动外，几乎处于停留在原地不发生移动的状态，如喝茶聊天、下棋打牌、遛鸟等活动。因此，夏令时，此类活动对于行为空间中的热舒适性需求与运动类行为空间小气候相似，需要通风良好、荫蔽度较高的活动场地，方便在室外环境中"久坐"的行为模式。

冬令时，除交谊舞、走圈外，此三类活动群体由于其"久坐"的活动状态，需要为其配置更为温暖无风的环境。环境的上部空间可选择落叶且枝杈稀疏型乔木，以确保冬季行为空间中充足的日照辐射。风阻方面，此三类活动的行为空间应设计成风阻效果好的植物配置，同时路面铺装应选择热辐射反射率较高的铺装设计。

交谊舞活动区域的小气候设计较为特别，其空间行为特征属于动——静交替类行为，因此，对于交谊舞类型的活动，其行为空间小气候设计应参考交替类行为空间中的设计方法。走圈活动是与运动类行为空间小气候设计原则一致。

3. 动——静交替类行为空间小气候

动——静交替类行为（下简称"交替类行为"）指的是空间中活动的人群，有时进行剧烈运动，有时则会休息，运动与休息在同一行为空间中交替进行，包括了领域内聚集行为及领域内集中行为中的交谊舞活动。对于这类行为所在的空间，可将其分为两个主要组成区域：活动运动区、休息旁观区。其中活动运动区的小气候设计应与上文中运动类行为空间相同，而休息旁观区的小气候则应与静止类行为空间的设计方法相一致。例如，夏令时，搭帐篷的人喜爱在阴凉处休息、活动，露营的孩子们也会选择体感舒适度较为凉爽处踢球、嬉戏。冬令时，人们偏向于将帐篷放置于阳光充足处，而运动量较大的活动也需要在半遮阳的空间中进行。

4.3.2 基于冬——夏循环交替式有机秩序模式的公园设施设计

通过对公园下午休闲活动的少数"常客"的深度访谈得知，当冬天气温较低时，长时间的户外静坐会有腰部和腿部的寒冷不适感，使得打牌、下棋、钓鱼等需要长久静坐的活动无法持续。这些访谈结果表明公园中设施设计并不适用于冬令时的休闲活动。造成此类问题的原因之一，是由于以往的公共设施设计并未将季节因素纳入设计调研及思考的范围。因此，如何合理规划并设计适用于不同季节的公共设施，成为解决"设计师认知"与"用户认知"间错位问题的关键。

1. 运动类行为空间设施

运动类空间行为是指在空间中以身体锻炼为目的而进行各类体育运动的人群行为，如广场舞、走圈、太极、羽毛球等。这类活动人群对于物品放置及饮用水供给的需求较为凸显。物品放置方面，冬季时，由于参与运动的人会脱下厚重的外套，此时衣物放置处的需求量会较夏令时大幅增加，使得在夏令时看似"闲置"的衣架，在冬令时变得"紧缺"。运动类空间行为包括队列类、领域内移动类行为，这两类行为的主要活动内容为太极、广场舞、踢毽子、羽毛球等体育健身类活动，因此产生大量的饮用水需求。在气温较低的冬季和炎热的夏季，对于饮用水的温度偏好也有所不同，公共饮水机应具备温度可调节功能，以适用于不同的季节。饮水设施的供给点需设置在距离该类活动区域较近处，这对公园的给排水系统规划提供了更为人性化的设计参考。

2. 静止类行为空间设施

静止类行为是指在空间中以打发时间、休闲为目的而进行的各类相对静止的活动，如打牌下棋、钓鱼、喝茶聊天等。这类人群对座椅的季节通用性需求较高，对这类在室外空间长时间久坐的活动，需提供不同季节下温度舒适的座椅座面，以及在人机工程、材料选择等方面设计合理的公共座椅。同时，这类活动通常是人们面对面就坐的交往行为，座椅位置排列应形成与该类型活动的围合形或半围合形。在调研中我们发现，静止类活动会有部分弱势群体参与，因此这类行为空间需配备一定的无障碍设施，以确保空间的通用性。[243][244][245]

3. 动 —— 静交替类行为空间设施

动——静交替类活动中包括了两类不同活动目的的人群。第一类是以度假为目的的游客，他们通常选择节假日的时段，带着家人到公园中度过一整天的休闲时光。这类人中，包括了大部分的儿童及少量坐轮椅的老人，因此设施的通用性及安全性应是设计师重点考虑的首要因素。这类人群对厕所、饮用水等设施的需求有一定的特殊性，因此，靠近该类行为空间的厕所及饮水设施的设计，应针对性提供通用性设施的设计方案。

第二类是以闲逛为目的的游客，他们通常以逛的方式在公园中随意走动并不时驻足旁观各类小群活动或与人闲谈。这类空间的活动区域基本可归纳为活动运动区和休息旁观区两个部分。休息旁观区的座椅设计除了需满足不同季节的通用性需求之外，还要对其放置方向做合理规划。该类座椅的摆放应面向活动区域，在区域外圈形成对于活动空间的围合状，以促进旁观人群的聚集，同时方便活动人群在休息时观察活动区的情况。如带孩子的母亲会选择坐在能够看到儿童活动情况的座椅处休息，舞者会在音乐切换间回到长椅暂时休整。

4.4 基于宏观有机秩序模式的城市公园设计方法

城市公园宏观有机秩序化设计方法是聚焦突出宏观的实效性一体化探索，是从"设计如何助力推进有机秩序加速建构"的视角出发，对公园空间中的部分设计要素提出的具体操作建议。

在城市公园的设计中，公园选址、入口及围墙的设计是城市公园设计要素中常被提及的研究对象。对城市公园宏观有机秩序模式的把握和理解，有助于设计师建立对公园选址、入口、围墙等方面的理性认知。理想的入口及围墙设计，通常会吸引更多游客，并加速推进宏观有机秩序由雏形阶段转换进阶为成型阶段的过程（图4.4-1）。举例来说，如果入口位置离居民住宅区较近，步行可达性较高，人们便会将公园作为日常锻炼及散步闲逛的主要场地，当大量人群聚集在一起时，交往行为便蕴育而生，这其中最为常见的便是社会性活动，随着这类交往行为持续频繁进行，逐渐形成了一定的活动规律，有组织小群由此诞生，宏观有机秩序也由最初的雏形阶段逐步转化为成形阶段。相反，若公园入口设计不合理，围墙设计不吸引人，便会在一定程度上阻碍居民去公园"随便逛逛"的意愿，此时社会性活动发生的频率并不理想，活动难以维持一定的规律，宏观有机秩序由雏形阶段转变为成形阶段所需时间更长，或有时出现难以进阶的现象，导致公园空间持续停留在雏形状态或退回前期状态，甚至解构。

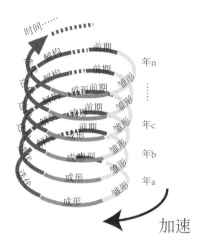

图 4.4-1 宏观有机秩序由雏形阶段转换进阶为成形阶段

4.4.1 基于螺旋上升模式的公园选址及入口位置设置

　　不同类型的公园，其入口位置的设计原则不同。其中，日常型公园的入口数量应根据公园面积大小设置为 3~4 个更为合理，位置设计在尽可能靠近居民密集区域，以方便人们步行到达或作为通勤等必要性活动的需要穿行其中。假日型公园的服务对象通常为周末或节假日前往游玩的游客为主，他们常常选择自驾或乘坐公共交通的出行方式，同时会携带一些大型行李，如帐篷，野餐用具等，且在公园停留时间较长（超过 3 小时），因此公园入口的设置应尽量方便人们从停车场或公交、地铁车站步行到达公园。与此同时，公园入口位置的设置也为满足游客餐饮、如厕、休息等刚性需求提供便利，选择尽量靠近商业中心的位置设立出入口。综合型公园的出入口设计应同时考虑日常生活、休闲及度假两个方面的人群需求。因此，其入口不仅要与居民居住区步行可达性高，而且要同时满足方便步行进出停车场及周边商场的需求，即结合了日常型公园及假日型公园两类用户群体的综合性需求。

　　公园入口的多少直接影响公园的管理维护成本。当入口较多时，需配备更多的安保人员进行管理工作，以确保公园的正常运营。当公园管理人力资源不足时，公园在实际管理执行过程中，会关闭部分出入口，以降低运营成本。开放型公园只能通过人工巡逻配以入口处设置路障的方式 (图4.4-2) 加强公园管理。因此怎样合理配置公园入口数量及位置，确保其出入口使用效率，尽量避免管理资源的浪费，成为至关重要的设计问题之一。

图 4.4-2 兰溪青年、四川北路公园入口处的路障（作者自摄）

公园的选址应针对不同游客的需求进行设定。日常休闲娱乐为主的公园应选择设立在居民人口密集地。以服务于度假游玩人群为主的公园，需配备大型停车场地及较大的活动空间，因此可以选择设置在远离中心城区的郊外。若公园服务的对象既包含了日常休闲锻炼的人群又包括了周末度假前来游玩的游客，这类公园应设置在人口密度高的城区，且公园需提供充足的配套设施。

1. 日常型公园

日常型公园主要服务于周边居民，以老人及儿童为主要访客，是人们"家门口的后花园"。在设计初期，综合考虑公园选址及入口位置的设置，这类公园的选址应位于"潜在使用者密集点"，即居民较为密集的地方。在调研中我们发现，无论是在人口密度高的虹口区还是人口密度较低的金山区，只要公园靠近生活区，都会吸引一定的游客前往，而入口离生活区步行距离越近的公园，其日常访客数量就越多。因此公园的步行可达性应使得周围 1 公里半径范围内的使用者都可以不用绕行而步行到达公园。

　　面积在 2~7 公顷的日常型公园入口应尽可能的在公园外围的四个方向上都设置出入口（图 4.4-3）。面积在 0~2 公顷的公园也尽可能地设置 2 个及以上的入口，以方便来自不同方向的游客步行进入。狭长型公园可在两端较窄且通往主要道路或近小区处设置出入口（图 4.4-4 所示），这样也可吸引更多人从公园中穿越，以增加交往活动产生的概率。例如在调研中发现，位于闵行区的景谷园虽然面积仅 0.93 公顷，但其开设了 3 个出入口，且其中两个出入口连接小区，另一出入口直通主干道，公园便成了人们步行穿越的道路，邻里间的寒暄聊天便在这之间形成。

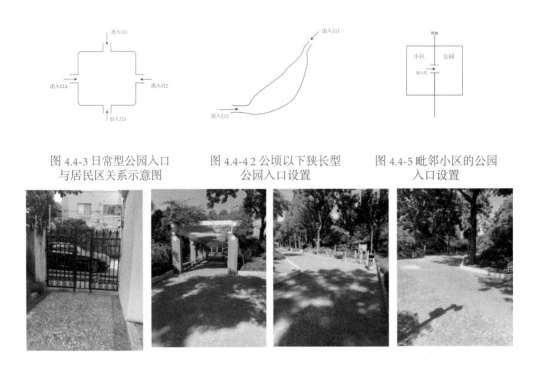

图 4.4-3 日常型公园入口　　图 4.4-4 2 公顷以下狭长型　　图 4.4-5 毗邻小区的公园
　　与居民区关系示意图　　　　　公园入口设置　　　　　　　入口设置

图 4.4-6 梅川公园内关闭的入口及空置的设施（作者自摄）

　　如果日常型公园与某小区仅有一墙之隔，则除了设置公园的主要出入口之外，应在小区与公园间隔的围墙处设置出入口（图 4.4-5），这样做不仅可以降低小区住户到公园的步行成本，让公园变成真正意义上的"后花园"，也可吸引大量的青少年及中青年人群到公园进行活动，莘庄公园、景谷园便是典型成功案例。相反，与小区仅有一墙之隔的梅川公园（图4.4-6）因其封闭了公园与小区间的入口，小区住户需要通过长距离绕行才能到达公园入口，因此到了休闲、午休、游园时段时，公园中活动人群变得稀少，此时有机秩序长期处于雏形期阶段，难以推进其发展进入成形期，设施使用率低，仅能依靠举办各类活动以吸引旅游人群。

2. 假日型公园

假日型公园通常为了拥有更大的空间及绿地等设施，一般其选址定于远离市中心的郊外，这类公园的访客以带孩子的家庭及结伴出游的小群体为主，是人们假日或周末的"度假胜地"。由于公园位置远离居住地，多数访客选择自驾私家车、电瓶车或搭乘公共交通的出行方式，因此公园需提供充足的停车场地，以满足机动车和非机动车的停放需求，图4.4-7是闵行体育公园清明节期间门口车辆停放情况。

图4.4-7 闵行体育公园清明节期间门口车辆停放情况

基于人们停车的需求分析，公园入口设置需尽量与停车场相邻，方便游客下车后步行到达公园，尤其是前往公园露营搭帐篷携带大件行李的游客，从停车地到公园入口处步行距离的合理性变得尤为重要。公园中的活动人群，其活动内容及目的主要以度假游玩为主，逗留时长基本在3~6小时（前期调研问卷结果），对于餐饮、休息等配套设施的需求量较大，综合考虑以上这些因素，公园入口到周边商业中心应在一个街区左右的半径内，或在公园内部设置可以就餐的区域，与此同时，公园的入口应与停车场毗邻，方便人们步行到达（图 4.4-8）。

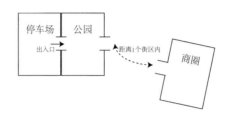

图 4.4-8 假日型公园入口与停车场、周围商场入口关系示意图

3. 综合型公园

综合型公园一般位于生活区附近，占地面积较日常型公园更大，所设游乐及各类设施更为丰富，因此不仅在工作日时吸引周围居民前往参加各类活动，而且会在节假日时迎来大量"度假"的游客。这类公园在设计时，入口位置的选择往往会影响到公园宏观有机秩序由雏形阶段进入到成形阶段的效率及时长。

综合型公园在工作日时，主要访客多为周围居民，公园入口的位置应设计在离居民区较近的地方，此时的设计原则与日常型公园相同。同时，由于工作日到公园进行活动的人群多数为有组织或自组织小群，当公园面积较大且人流量较少时，人们更倾向于选择离出入口更近的小型广场进行活动，若入口处就设置了小型广场，便会成为活动人群的首选聚集地，这一特征在面积为 16.34 公顷的和平公园中较为突出。

图 4.4-9 冬季和平公园上午 9:30~11:00 行为注记结果

图 4.4-9 为冬季和平公园上午 9:30~11:00 的行为注记结果，从图中可以看出，小群活动多数集中在靠近入口 1 号门、4 号门和 3 号门的广场处。由图中不难发现，跳集体舞、打太极拳等有组织小群多数集中于靠近 3 号门和 1 号门出入口的广场，4 号门入口处的广场上则聚集了跳交谊舞的爱好者们。此时公园的主要功能被人们定义为"运动或活动的场地"，使用者更在意场地的功能性是否符合活动的需求，胜过于对于场地景观美学的需求。当场地无法满足活动需求时，再美好的景色也难以吸引人们逗留并开展活动。由此可见，大面积的综合型公园入口位置的设计需综合考虑两方面因素：其一，与居民区的出入口较近，以保障人们的步行可达性；其二，入口处应设有小型广场，方便居民就近活动，以形成一定的活动规律，促进有机秩序成形阶段的达成。

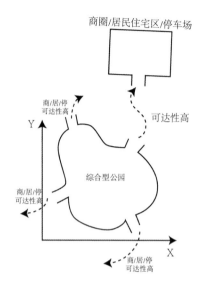

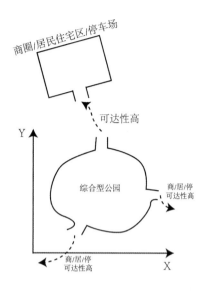

图 4.4-10 综合型公园 4 个入口设计建议　　　图 4.4-11 综合型公园 3 个入口设计建议

节假日时，此类公园的主要用户可以分为两类，一类是在上午 5:30~9:30 间到公园进行日常活动的"常客"，另一类则是上午 9:30~17:00 间前来公园度假游玩的"游客"。为了同时满足"常客"与"游客"的需求，公园的入口设计需综合假日型公园与日常型公园入口设计的原则，具体方式如图 4.4-10 所示。当公园整体尺度长宽比相近时，即公园外边界俯视图在 X、Y 方向上长短差距不大，此时应在各个方向上设置至少一个出入口，总出入口数量至少为 3 个 (图 4.4-11)，其中部分入口需与商业中心、停车场间的步行可达性较高，方便人们进出。

当公园边界形态为狭长型时，即公园的外边界在 X 方向较长，在 Y 向上较短（图 4.4-12）时，公园需要在狭长形的两端分别设置入口，且在较长的边界处 (X 方向上) 选择离居民区、停车场、商业体较近的位置设置 1~2 个入口，以提高公园的步行可达性。

综上所述，假日型公园的出入口位置设计，应综合考虑与商圈、停车场、居民住宅区间可达性，同时结合公园边界形态及地貌特征进行设计。

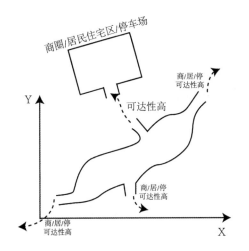

图 4.4-12 公园边界形态为狭长型时入口设计建议

4.4.2 基于螺旋上升模式的围墙级邻近功能区的设计

理想的公园围墙设计需具备一定特征以吸引路人进入公园，以更有效加速促进宏观有机秩序模式从雏形阶段转化为成形阶段。因此围墙的设计并不能单一考虑围墙本身的形态、造型、材质、尺度等设计要素，而需综合性考虑公园内靠近围墙的功能区设置、围墙所满足的功能需求的设计决策。

不同类型的公园，其围墙及靠近围墙的功能区域的设计需从两个方面进行综合考虑后再深入设计：

（1）邻近居民楼或办公楼的围墙应设计为隔音效果好防止园内噪音扰民的类型，同时，围墙附近的功能区应规划为服务于不易产生噪音的活动人群，如羽毛球、健身器等活动。

（2）靠近马路或高架便道围墙需设计为不隔音且半通透的类型，让路人透过若隐若现的园内活动场景及活动所产生的声音，对公园内的氛围产生憧憬，以达到吸引更多人入园的目的，促进宏观有机秩序从雏形阶段更快地进入到成形阶段。这便要求公园围墙的设计需根据附近周边环境作相对应的变化式设计，而非传统的统一大小、尺度等统一不变元素的方案，兼顾"近住宅处不扰民，近马路处吸引人"两方面的设计原则。

1. 半通透围墙及邻近功能区

通常在近马路的一边，公园中热闹的氛围会吸引路过的人驻足观望甚至自愿加入其中。这类空间行为特征在6.1节小群活动有机形态研究中得以分析说明，其中"领域内集中"及"领域内聚集"的两种行为空间分布特征，均是由公园中某一场景相关活动的热闹氛围，吸引更多游客加入参与而最终形成的空间行为分布模式，因此，公园围墙应尽可能设计成可让路人看见内部活动情况且听见活动声音的半通透围墙。例如舞蹈音乐可以穿过围墙向外界传送"公园很热闹"的信号，以达到吸引路人进入公园的效果。为了保障公园内活动人群的私密性，同时达到以上的传递声音及活动展现的效果，公园的围墙设计不能为完全敞开式，建议选用由硬质栅栏类围墙结合植物的半通透形式的围墙设计，以达到加速宏观有机秩序由雏形期转化至成形期的效果。

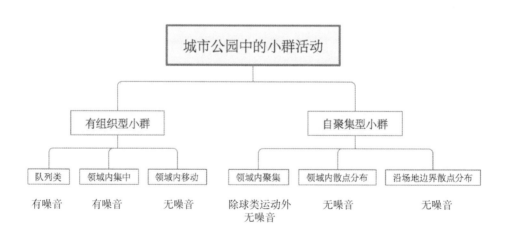

图 4.4-13 小群活动与产生的噪音关系对照

靠近半通透型围墙附近的功能区可选择会产生较大噪音的功能类型，如队列类小群功能区、领域内集中型小群功能区。例如，最易收到居民关于"噪音问题投诉"的广场舞活动，就属于队列类小群活动，具体的小群活动分类已在 5.3.3 节中有详细统计分析过程，其分类结果与产生的噪音关系对照如图 4.4-13 所示，其中会产生噪音的空间行为类型有队列类行为、领域集中类行为、领域内聚集行为中的打篮球活动，其余大部分领域内的聚集行为、移动行为、散点分布行为、沿场地边界散点分布行为都不会产生噪音。

其中产生较大噪音的活动行为主要是有组织小群中的领域内集中和队列类行为。自聚集型小群中"领域内聚集"行为除了打篮球之外，都不会产生扰民程度的噪音。基于微观时间分层段有机秩序的调研结果，空间行为的时段型分层段特征，篮球活动基本出现在早上 9:30~17:00 之间，这一时段产生的噪音（场界噪声）可通过球场边界的隔音设施加以解决，使得场界噪音符合国家规定的环境噪声排放标准。或将篮球场作为特殊设施，安置在公园半遮挡型围墙附近，以吸引篮球爱好者们加入。

2. 降噪型公园围墙

降噪型围墙通常设置在公园靠近小区居民楼或写字楼的一面，主要功能是尽量阻挡并减少公园内噪音对周边楼宇内居民日常工作、生活所产生的负面影响。这类围墙可通过材料、形态等因素的改变，在综合考虑居民楼日照采光需求的基础上，达到运用声学原理控制场界噪音的效果。

降噪型围墙附近的活动应选择不易产生噪音的行为类型。例如图 4.4-13 的领域内移动行为（踢毽子、打羽毛球、练毛笔字等）、领域内散点分布行为（包括喝茶聊天、打牌下棋、遛鸟、走圈等）及沿场地边界散点分布行为（钓鱼、放风筝）这三类为主。或选择除篮球活动外的领域内聚集型小群行为。这样做的目的是为了更大程度上降低公园中活动噪音对周边建筑内市民产生不良影响，避免社会矛盾的产生。

3. 两种围墙相结合的应用方式

在抽样的 14 个公园中，市中心区域的微型及小型公园几乎都临近住宅小区，有的甚至与居民楼仅有一墙之隔，此时公园的围墙需要通过这两种类型相结合的方式，以确保靠近马路一端的围墙功能具备"半通透"的特性。与此同时，靠近居民区住处的围墙需要有"降噪"的功能特点，以减少噪音对周边居民的干扰。而半通透型围墙与降噪型围墙之间如何衔接，做到既保障功能的不缺失，又能同时兼顾到公园设施设计的尺度、材质、环境美学、城市形象、文化等相关设计要素的思考，这给设计师们提出了新的挑战。

4.4.3 基于螺旋上升模式的维护与修缮周期建议

通过对城市公园宏观有机秩序模式的研究分析，城市公园在"解构期"与"形成前期"，园中活动的人数较少，活动尚未形成一定的规模及秩序，在这一时期对公园进行改造，对有机秩序产生的冲击最小。因此，城市公园进行重建或大型改造工程应选择在公园的"解构期"与"形成前期"最为合适。

处于"成形期"与"迭代期"的公园，只适合进行局部修缮或维护，这里的修缮仅限于维修已损坏的空间设施，即便要进行替换，也需与原先的设施功能及形式相似，这一时期的公园不宜进行大面积改造。

有机秩序"雏形期"阶段，由于公园内的有机秩序尚不稳定，更容易受外力的影响，因此这一时期进行改建需经过反复推敲。若希望现有的有机秩序持续发展不被打断，则不可进行改造工程，若希望将一切"推翻重来"，则工程可以进行。

第五章 城市公园有机秩序研究的方法

5.1 主要研究框架与路径

本章是全书中探讨理论基础建构的思路。本章聚焦空间行为中的核心因素，结合调查研究的路径和过程展开探讨，呈现了对空间行为的时间分层段结构的研讨脉络。

通过对重要内容施于有效方法的路径研讨，以及对时间分层段结构与空间行为关系的比较研究，探索了时间分层段视阈下不同空间行为变化的特征及其规律。同时，针对聚焦探索现实内容，获得了影响空间行为的五类因素，并对五类因素作了较为深入的辨析，得出了影响城市公园微观有机秩序的要素——天气因素，以及影响城市公园宏观有机秩序的要素——可达性因素。为揭示空间行为时间分层段结构的构成状态、关联因素、作用关系等呈现了较为清晰的构成关系和基本架构。

5.1.1 城市公园有机秩序的总体研究框架

总体的研究框架如图 5.1-1 所示，共分为研究假设、文献研究、调查研究和设计策略四个主要部分。

研究假设部分是基于实证观察中发现的具体现象而提出的理论猜想。

文献研究部分是针对理论猜想中提到的"时间"问题所作的资料的分析总结，发现了环境行为学领域对于"时间"维度思考的缺失，同时强调了有机秩序化设计中时间维度的价值。

在文献研究的基础上，通过对空间中的具体现象作调研结果的归纳总结，发现空间行为的时间分层段现象，由此将对于时间问题的研究聚焦到"空间行为的时间如何分层段"这一问题上。

接着，通过大量的分时空间行为注记数据，整理归纳出微观、中观的时间分层段结构，并根据调研结果的横向比较研究及相关理论梳理，演绎归纳出宏观的时间分层段结构。

最后，结合有机秩序宏、中、微观的时间分层段结构及空间行为的分析，得出城市公园宏观、中观、微观时间分层段有机秩序模式，并提出相关设计策略。

5.1.2 影响城市公园中空间行为的干扰因素分析

1. 干扰因素的提出

在前期调研的基础上，研究人员对于其中观察到的各公园中不同的空间行为现象作了基本的分析，并将其归纳为表 5.1-1 中的内容。

表 5.1-1 不同空间行为现象的分析

不同维度有机秩序的具体现象	现象分析
距离很近的两个公园，空间活力差异很大	公园空间、位置变化等都会导致公园逐步变得没有人气
公园经改造后，原本的活动不见了；新建的公园没有历史久远的公园活动丰富	有机秩序有一定的变化、发展、迭代过程，具备一定的周期性规律
人流量大的公园活动内容更丰富，空间更具有活力，有机秩序应运而生	人流量越大公园活动越丰富，空间活力越强，有机秩序越凸显
不同公园人流量不同	可能与公园可达性有关
公园假日时的人流量剧增	节假日时人们的活动规律发生变化
公园门口停放有大量非机动车，也停放有少量机动车	人们到达公园的交通方式具有多样性，公园可达性应为兼顾不同出行方式的可达性
从家出发到达公园所需时间基本在 15 分钟左右	无论出行方式如何，大多数人能接受的路上耗时为 15 分钟左右
冬令时公园开门时间较夏令时晚，公园活动开始时间也较晚	不同季节活动的时间规律不一样

下雨天的公园仅剩一些走圈和少量躲在亭中打太极拳和跳舞的人；雪天过后公园中活动依旧，且会有更多的游客前来赏雪景	下雨天对于活动规律有较大的影响
节假日多数老年人的晨间活动时间规律不变，但会有更多年轻人进入公园度假	节假日时公园活动的时间规律会发生改变，在原有的基础上节奏变化会更快
公园中每个小群活动都有固定的场地和固定活动开始、结束的时间，公园场地紧张时，同一场地会有好几轮活动在不同时段展开	公园空间尺度的不同会影响空间活动的时间规律
场地紧张时，人们会根据活动需要找各种空地展开活动，排成各种队形	不同活动对于空间尺度要求不同
看似形态不同的队形，但人和人排列整齐，即使不同公园，同类活动小群间排列间距相似；小群间、小群与空间边界间存在一定间距，且当空间拥挤时，这种间距依然存在	小群活动中人与人的尺度，人与边界的尺度存在一定规律
不同公园、同种类型的活动时间段看似相同	同一类型的小群活动时间分布规律具有普遍性
公园中"常客"描述，早上走圈的人一般1小时，跳舞、打太极拳等活动大约2小时，下午打牌会比较久，闲逛的人随机性较强	同种类型的小群活动其时长的规律具有普遍性

基于不同空间中行为的具体现象分析，通过归纳总结得出影响公园中空间行为的因素，并制成表5.1-2。其中，除与时间相关的因素外，还有如下五类主要干扰因素：

（1）公园地理位置：方位，属地，管理者，地貌特征，空间条件等；

（2）公园所在区域的人口密度：周边人口和密度，人口构成特征，社会功能关系等；

（3）公园的可达性：距离，道路条件等；

（4）天气情况：区域气候特征，常年温度和湿度，季节特色等；

表 5.1-2 影响城市公园空间行为的因素归纳

不同维度有机秩序的具体现象	现象分析	因素归纳
距离很近的两个公园,空间活力差异很大	公园空间、位置变化等都会导致公园逐步变得没有人气	公园空间地理位置
公园经改造后,原本的活动不见了;新建的公园没有历史久远的公园活动丰富	有机秩序有一定的变化、发展、迭代过程,具备一定的周期性规律	时间
人流量大的公园活动内容更丰富,空间更具备活力,有机秩序应运而生	人流量越大公园活动越丰富,空间活力越强,有机秩序越凸显	人流量
不同公园人流量不同	可能与公园可达性有关	可达性
公园假日时的人流量剧增	节假日时人们的活动规律发生变化	节假日
公园门口停放有大量非机动车,也停放有少量机动车	人们到达公园的交通方式具有多样性,公园可达性应为兼顾不同出行方式的可达性	出行方式
从家出发到达公园所需时间基本在 15 分钟左右	无论出行方式如何,大多数人能接受的路上耗时为15钟左右	15 分钟可达性
冬令时公园开门时间较夏令时晚,公园活动开始时间也较晚	不同季节活动的时间规律不一样	季节
下雨天的公园仅剩一些走圈和少量躲在亭中打太极拳和跳舞的人;雪天过后公园中活动依旧,且会有更多游客前来赏雪景	下雨天对于活动规律有较大的影响	天气
节假日多数晨间老年人的活动时间规律不变,但会有更多年轻人进入公园度假	节假日时公园活动的时间规律会发生改变,在原有的基础上节奏变化会更快	节假日
公园中每个小群活动都有固定的场地和固定活动开始、结束的时间,公园场地紧张时,同一场地会有好几轮活动在不同时段展开	公园空间尺度的不同会影响空间活动的时间规律	公园尺度
场地紧张时,人们会根据活动需要找各种空地展开活动,排成各种队形	不同活动对于空间尺度要求不同	公园中的空间尺度
看似形态不同的队形,但人和人排列整齐,即使不同公园,同类活动小群间排列间距相似;小群间、小群与空间边界	小群活动中人与人的尺度,人与边界的尺度存在一定规律	小群活动的空间尺度
不同公园,同种类型的活动时间段看似相同	同一类型的小群活动时间分布规律具有普遍性	小群活动的时间规律
公园中"常客"描述,早上走圈的人一般1小时,跳舞、打太极拳等活动大约2小时,下午打牌会比较久,闲逛的人随机性较强	同种类型的小群活动其时长的规律具有普遍性	小群活动的时长

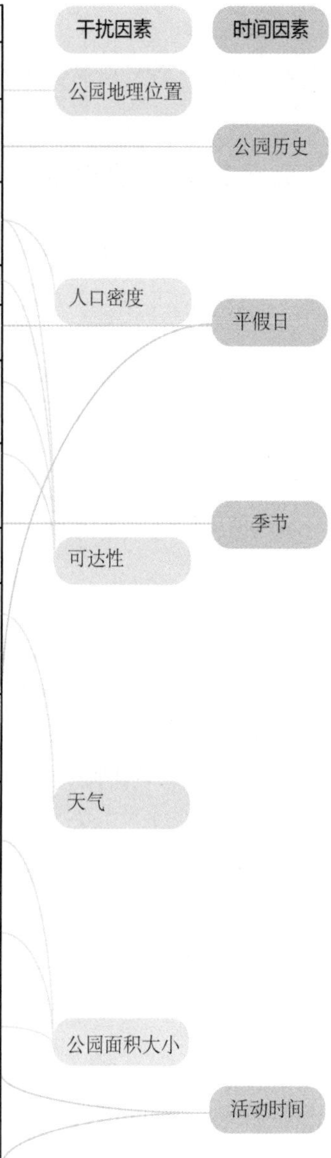

（右侧因素关系图）

干扰因素　　　时间因素

公园地理位置

公园历史

人口密度　　　平假日

季节

可达性

天气

公园面积大小

活动时间

（5）公园面积：占地面积，地块形态，周边条件等。

根据五类因素构成的社会功能属性和在空间行为中的作用关系，公园地理位置、公园所在区域的人口密度、公园面积具有相对客观、静态的属性，天气情况、公园的可达性具有多态和动态的属性，它们在影响或作用形成城市公园的空间行为中，由因素构成本身产生出类型属性下的丰富构成内容。

2. 五类干扰因素辨析

城市公园中有机秩序的形成与时间、空间、人之间有着密不可分的关系。而人在空间中的行为，随着时间的变换呈现出动态平衡的状态便是有机秩序的形成。我们要分析这种平衡是如何动态变化的，影响空间行为的干扰因素是否也会影响小群空间活动的时间分层段结构及其模式，从而打破原本平衡的城市公园内的有机秩序。

影响空间行为的五类主要因素是否会影响空间行为的时间分层段结构是本小节探讨的主要内容。经研究发现，其中三类因素均不会影响空间行为时间分层段结构与空间行为间所构成的相对稳定的相关变化模式，仅有天气因素及公园的可达性因素会对其产生一定的影响，该结论的整体辨析过程整理如下：

（1）三类被排除的因素

在调研的抽样阶段，基于人口密度、公园面积及公园地理位置三方面的综合考量，对上海市的公园进行抽样，使得样本包含了具代表性的不同人口密度、公园面积及不同行政区域的各类公园。经研究发现，这些公园中空间行为的时间分层段遵循着同样的特征，其有机秩序的时间分层段结构符合最终的研究结论。因此，可以推断，人口密度、公园面积、公园地理位置的变化，并不会对有机秩序中时间分层段结构造成影响，这三类因素并非有效干扰因素。

（2）天气因素

调查研究发现，天气的变化在一定程度上会对微观时间的分层结构产生明显的干扰，对中观、宏观时间分层段结构暂未发现相关影响。

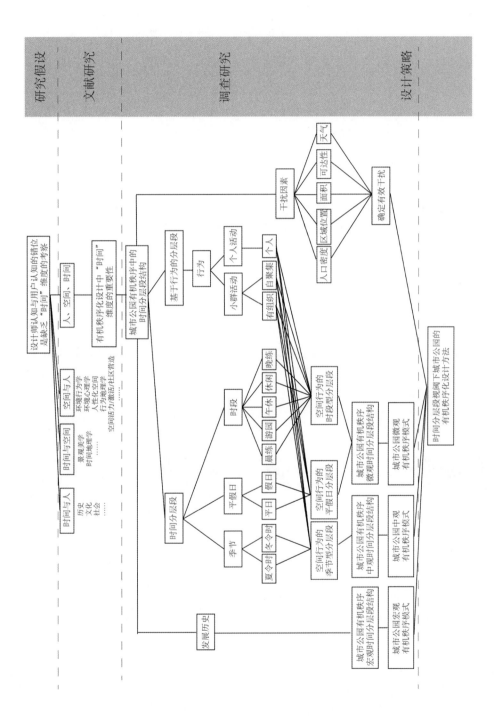

图 5.1-1 总体的研究框架

在天气条件变化的作用下，公园作为室外公共空间，其舒适性及开展活动的便捷性会受到极大影响，明显改变公园中的空间行为。例如，图 5.1-2 是东安公园下雨天与晴天公园空间活动晨间锻炼和游园时段的对比。雨天，公园中的许多"常客"因为出行的不便或没有遮蔽雨水的空间而放弃到公园中进行活动，公园中休闲活动也因露天环境下无法展开而大幅减少。停止下雨后，公园中的活动又逐渐增多，恢复以往活动秩序。这一观察结果，也与下文 5.3.1 节关于天气的问卷调查结果相互验证。

通过 5.3.1 节问卷统计的结果得知，70.72% 的人下雨天不会到访公园，25% 的人则选择了"下小雨会来"到公园，由此可见，天气会直接影响人们的出行意愿，而公园中的常见活动也会因为到访人数的骤减而发生变化。

在下雨时，由于空间中的活动急剧减少，空间活动的时间分层段结构会变得模糊，尤其是在大雨天，公园中几乎没有活动，时间分层段现象消失，时间的分层段结构不复存在。当雨水停止后，公园的空间重新恢复其舒适性及便捷性，活动再度恢复，有机秩序中时间的分层段现象再度凸显，时间分层段结构恢复常态。

雨天　　　　　　　　　　　　　晴天

晨间锻炼时段

图 5.1-2 是东安公园雨天与晴天公园空间活动对照

在工作日时段，突如其来的大雪，也会将微观时间分层段结构中的平日型结构转化为假日型结构。例如，2018 年 12 月 30 日（星期天）的晚间，上海下了一场大雪，使得公园中的景观发生了改变，第二日（星期一）的田野调查结果显示，公园中前来游玩的访客明显增加（图 5.1-3），而晨间锻炼的小群依旧活跃（图 5.1-4），公园呈现出节假日时的活动空间特征，微观时间分层段结构中的内部层次发生转化，由原来的平日型转为假日型。

图 5.1-3 闵行体育公园中前来赏雪景的游客　　　　图 5.1-4 晨间锻炼的小群
　　　　　（作者自摄）　　　　　　　　　　　　　　　　（作者自摄）

（3）可达性因素

可达性分析研究结果表明，被抽样公园的小区——公园点对点可达性差距明显，这说明了样本涵盖了不同骑、步行可达性的样本。通过比对各个具有不同可达性公园的空间行为时间分层段结构与空间行为关系后发现，其空间行为的时间分层段结构表现出一致性特征，空间行为在不同的时间段有着相似的活动类型及位置、分布等特性，由此可以推断，城市公园的可达性虽在一定程度上会影响公园的人流量，但并不会对公园中空间行为的时间分层段结构、空间行为与时间分层段结构间的相互关系产生影响，因此可以推论，可达性因素并不会影响城市公园的中、微观有机秩序。

城市公园的可达性因素在某种程度上可以理解为用户到达公园的便利性，因此可达性越高的公园，意味着人流量越大。在大人流量的驱使下，公园的宏观有机秩序会更容易由起初的雏形状态演变为更为稳定的成形状态，因此高可达性对公园的宏观有机秩序形成具有积极的促进作用。

5.1.3 城市公园有机秩序中的时间分层段结构研究路径

1. 囊括三类干扰因素的抽样方法

在上一小节中总结获得的关于公园地理位置、公园所在区域的人口密度、公园的可达性、天气情况、公园面积的大小（后简称"公园面积"）五类因素，它们对城市公园中的空间行为造成影响。本章中对有机秩序时间分层段结构的研究是围绕城市公园中的空间行为而展开的，对空间行为产生影响的这五类因素是否对有机秩序时间分层段结构产生影响？为了探究这个问题，在公园的抽样设计中，将其中具有客观、静态属性的三类因素纳入到调研范围中：人口密度、公园面积、区域位置。选取不同人口密度、公园面积、区域位置的样本进行分时空间行为的比较研究，发现其差异性及相似性，以探索此三类因素与空间行为的时间分层段结构间的内在联系。

基于人口密度、公园面积及公园地理位置三方面的综合考量，调查研究中，应对上海市的部分典型特征性公园进行二阶抽样。第一次是基于人口密度的等距抽样，覆盖上海市各行政区块，最后按等距抽样的方式，抽取了不同人口密度的四个行政区：虹口、普陀、闵行和金山区。第二次分层抽样，是依据公园面积的抽样，将上海市 243 个公园通过统计分析进行分类，最终结合实地走访调研排除基本无人活动的公园后，在 0~2 公顷、2~7 公顷、7~20 公顷及 20 公顷以上的公园中，抽取了 14 个典型公园作为调研的主要研究对象。

不同人口密度的行政区可以归类为市中心城区和市郊地区两类，因此，对于不同人口密度的抽样也相当于在不同区域位置上进行了合理的样本采集。

经过 2 次抽样，使得被抽取的公园样本中涵盖了不同人口密度、公园面积及区域位置的上海城市公园，样本具备一定的代表性。

2. 针对二类干扰因素的研究方案制定

在五类干扰因素中，除了用抽样方式覆盖的三类因素外，针对天气、公园可达性的两类可能干扰因素作了单独的研究，以确定被调研的样本在数据采集时覆盖了不同天气及不同公园可达性的数据，确保样本的可信度。

其中对于可达性问题的研究，主要借助网络大数据与 ArcGIS 分析软件通过计算得出，具体过程在第六章中有详细介绍。

对于天气因素的考虑相对来说更为复杂，首先我们根据小部分活动人群的访谈结果，按照"是否适合户外运动及游玩"的标准将天气分为不下雨和下雨天两种，后又发现上海在冬季也偶有下雪的情况发生，因此将雪天纳入研究范围，当天气发生改变时，用田野调查结合快照法，对被抽样的公园进行特殊天气的调查研究，最后对比不同天气条件下公园中空间活动的变化，以探究天气因素对城市公园有机秩序中时间分层段结构的影响程度。

3. 基于空间活动特征及活动有机形态的空间行为分类

对于公园有机秩序时间分层段问题的探究，是为了帮助设计师更好理解空间与人在时间维度上所发生的关系。而对设计师来说，公园尺度、空间结构、审美需求、功能需求、环境认知等微观层面研究的结果，能更好帮助解决各类具体的设计问题，这就给本研究带来了新的挑战：如何在考虑设计师需求的基础上，对城市公园有机秩序中的时间分层段结构进行探究？空间行为的研究带给设计师最重要的价值又是什么？

纵览各类公共空间设计方法类文献后，不难发现，大部份资料 [1][246][247][248][249] 中都提及了空间"尺度"和"边界形态"的重要性，而在城市公园中，决定这两种要素的，恰是人群的活动特征和活动的有机形态。因此，基于人群活动的有机形态及活动特征对人群进行分类，有助于更好地从设计学视角理解空间中的各类行为特征，促使最终获得的城市公园有机秩序时间分层段结构也更具实用价值。

4. 空间行为的时间分层段研究路径

调查研究部分是全文探讨理论基础建构的核心依据。具体分成两个部分（分别用灰色方块和白色方块表示）：时间分层段结构的主要研究路径和干扰因素研究。图 5.1-5 展现了调研的完整操作路径。

（1）主要研究路径

首先，通过问卷及人流量统计的方法探索空间行为与时间的关系，以解答"时间如何分层段"的问题。然后，通过空间活动的有机形态统计，对公园中活动的人群进行分类。最后在时间分层段研究及人群分类结果的基础上，改进了由威廉·伊特尔森 (William·H·Ittelson) 行为标记法发展而来的"行为注记法"，形成"分时空间行为注记法"。最终，以上海为研究范围，将"分时空间行为注记法"应用于不同公园中不同季节、不同时间段的空间行为实证调研，分析比较其结果后，提炼出公共空间中有机秩序的时间分层段结构。

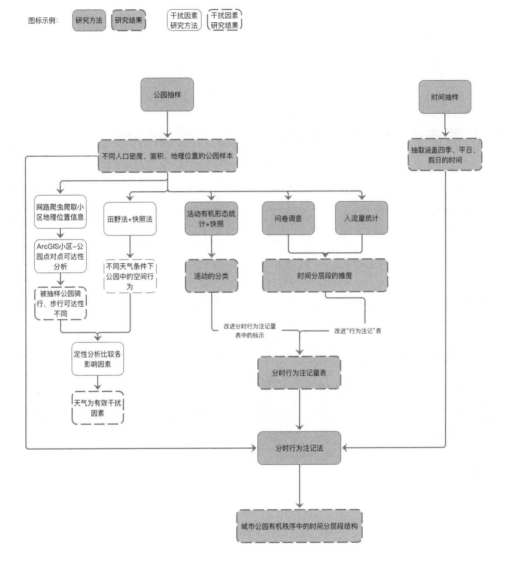

图 5.1-5 研究方案及操作路径

（2）干扰因素的研究路径

实证主要分设两个方面：可达性分析和天气因素。具体调研操作路径如图
5.1-5 所示：①对于可达性分析，先用爬虫技术抽取了被采样公园所在行政区的
所有小区及公园入口地理位置信息数据，然后将路网数据及地理位置数据导入

ArcGIS 软件进行可达性分析，最终得到了被抽样公园的骑、步行可达性；②对于天气因素的干扰，主要通过田野调查结合快照法，记录城市公园空间中不同天气条件下的空间行为，最后通过比较分析，得到"天气因素"为有效干扰因素的结果。

5.2 基于人口密度及公园面积的二阶抽样原则

据 2018 年上海绿化和市容管理局网站[250] 公布的公园资料，整理出上海市 16 个行政区的 245 个公园及其相关信息，如何对公园进行合理的抽样以保障样本的代表性，同时又能覆盖上海具有差异性的行政区，成为本研究首先需要解决的问题。本小节中针对 16 个行政区的 245 个公园抽样的过程展开详尽阐述。

研究的主要内容是：公园环境与公园中的使用人群行为间的相关关系。公园中的人及其行为是观测研究的主要对象。不同密度的人口比例对于公园中行为空间特征是否存在一定影响，是本研究重点考量的因素之一。因此，应首先基于人口密度对公园进行抽样，以确保样本能涵盖不同人口密度的数据。其次，不同行政区中的公园数量不同，受欢迎程度也不同，根据前期研究[251] 可初步判断，除周边人口密度外，公园面积会直接影响公园的人气，表现为公园活动内容的丰富程度。

在进行初步抽样后，需对公园进行面积上的聚类分析，并抽取不同面积类别的公园作为调研对象，最后选取具有代表性的公园作为研究对象，深入探索工作日与非工作日的不同状态，更有效全面了解城市公园中空间行为的时间分层段结构。

图 5.2-1 是本研究的抽样逻辑及具体过程。基于老龄人口密度问题首先对上海市 16 个行政区划的 245 个公园进行第一阶段等距抽样，然后对抽得的 4 个行政区中 66 个公园进行分层抽样，最终抽取了 4 个行政区中的 11 个公园作为实验组，又选择了徐汇区和杨浦区的 2 个公园作为对照组，以研究和验证有机秩序

化设计相关理论的普适性。

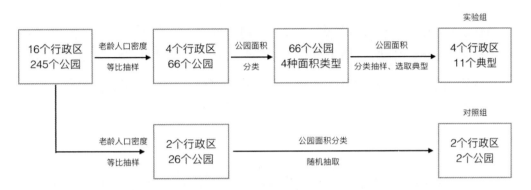

图 5.2-1 抽样逻辑及具体过程

5.2.1 基于人口密度的等距抽样原则

前期研究 [252] 发现（图 5.2-2），工作日时，公园的游客中 58.91% 是 50 岁以上人群，14.23% 是学龄前儿童及家庭主妇。由此得出工作日时公园访客中主要人群由 50 岁以上老人及学龄前儿童构成。

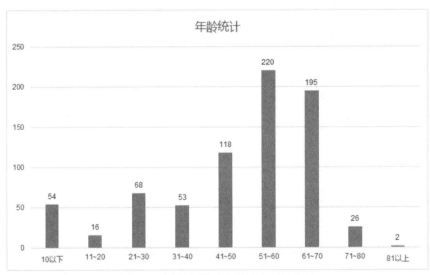

图 5.2-2 民星公园工作日访客年龄统计

由表 5.2-1 可见，市辖区的老龄人口密度与全区人口密度排名顺序相关性高。可见，以老龄人口排名进行等距抽样，其结果不仅对不同老龄人口密度的区域具备代表性，而且在"人口密度"方面，其抽样结果同样具备各类人口密度区域的数据代表性。同时，由于老年人作为公园中日常游客的主要人群，研究中老龄人口密度与人口密度进行抽样比较，按照老龄人口密度进行抽样更符合本研究的需要，因此本研究所采取的初步抽样方法是基于老龄人口密度进行行政区第一阶段的等距抽样。

表 5.2-1 第六次人口普查人口密度与老龄人口密度对比

排名顺序	人口密度	老龄人口密度
1	虹口	虹口
2	黄浦	黄浦
3	静安	静安
4	普陀	杨浦
5	杨浦	普陀
6	徐汇	徐汇
7	长宁	长宁
8	宝山	宝山
9	闵行	闵行
10	浦东	浦东
11	嘉定	嘉定
12	松江	松江
13	青浦	金山
14	奉贤	奉贤
15	金山	青浦
16	崇明	崇明

首先,按单位面积内老龄人口(60岁以上老人)密度,进行第一阶段等距抽样。抽取表 5.2-1 中, 老龄人口密度一列, 排列序号分别为1、5、9、13的虹口、普陀、

闵行及金山区作为研究范围。此抽样结果不仅涵盖了不同老龄人口密度的区域，也包含了 2 个"中心地段"和 2 个"市郊"区域，有利于保障研究的全面性及研究结果的代表性。

5.2.2 基于公园面积的分类抽样原则

在前期调研走访的过程中发现，公园面积不同，其自然景观及所供给的设施和服务也会在一定程度上存在差异性。为了研究不同公园面积对空间有机秩序时间分层段结构的影响及其相关关系，在基于老龄人口密度等距抽样的基础上，我们用分层抽样的方法对公园进行了二次抽样。

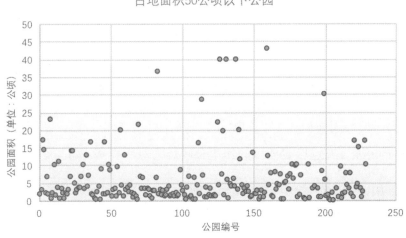

图 5.2-3 上海市 50 公顷以下占地面积公园的分布统计

由上海市绿化和市容管理局官方网站发布的公园绿地名录[252]整理出上海市 243 个公园及其相关基本信息，并按照公园面积对公园进行初步分析，上海市的公园面积在 50 公顷以下的共计 222 个，约占公园总数的 91.36%。如图 5.2-3 所示，其中 0~2 公顷有 78 个，占总数的 32.09%；2（不包含）至 7 公顷的有 90 个，占总数的 37.04%；7~10 公顷（不包含 7）有 15 个，10（不包含）至 20 公顷的有 19 个，分别占总数的 6.17% 和 7.82%。由此可见，上海服务市民的公园中，大多数为占地面积为 0~2 公顷和 2~7 公顷的公园。因此，抽样时对于面积为 0~2 公顷、2~7 公顷、7~20 公顷的公园进行分层抽样更具样本的代表性。

根据以上面积的分类统计结果，对于第一次抽样出的 4 个行政区的公园按面积进行整理分层抽样的具体结果如表 5.2-2。

5.2.3 抽样结果

根据上述市辖区的等距抽样结果，在虹口、普陀、闵行、金山区的全部公园进行走访，最终综合公园所属辖区、公园面积、公园活动的丰富性、出入口数量等因素，选取典型公园作为样本，按面积进行分类整理，所选公园列表见表 5.2-2，具体抽样结果如下：

（1）微型公园面积在 0~2 公顷间，分别从金山、闵行、普陀、虹口区中各选取二个典型，并在徐汇区中抽选东安公园作为对照样本。

（2）小型公园面积在 2~7 公顷间，分别抽取了金山公园、莘庄公园、曲阳公园和曹杨公园，并选取杨浦区的民星公园作为对照样本。

（3）中、大型公园面积在 7~20 公顷之间，分别抽取了闵行体育公园、黎安公园、和平公园，并选取奉贤区的古华园作为对照样本。

表 5.2-2 抽样公园列表

	编号	微型 （小于 2 公顷）	面积 （公顷）	编号	小型 （2~7 公顷）	面积 （公顷）
郊区	1	枫溪公园（金山）	0.29	6	金山（金山）	2.27
	2	景谷（闵行）	0.93	7	莘庄（闵行）	5.88
市区	3	东安（徐汇）	1.13	8	民星（杨浦）	3.3
	4	清涧（普陀）	1.97	9	曲阳（虹口）	6.47
	5	霍山（虹口）	0.37	10	曹杨（普陀）	2.26

编号	中、大型	面积（公顷）	备注
11	闵行体育（闵行）	19.65	平时活动的老年人较少，但周末的游客较多
12	黎安公园（闵行）	9.467	虽然面积不大，但因为停车方便周末游客较多，
13	和平公园（虹口）	16.34	平时有大量的老年活动人群，周末还有来度假的年轻人，有小型动物园和收费儿童设施
14	古华园（奉贤）	10	平时有大量的老年活动人群，周末还有来度假的年轻人，有划船及收费儿童设施，停车方便

5.3 主要研究方法

5.3.1 基于问卷法的空间行为时间分层段研究初探

本研究针对公园中活动人群的基本属性、活动内容、出行时间规律、出行方式等方面的问题，以问卷调研的方式进行了初步探索。该问卷在整体研究中起辅助作用，通过对人群基本属性、活动内容、活动时间规律、个人出行方式等方面的初步调查，了解公园中人们活动的时间规律，以补充验证"分时空间行为注记法"的科学性，同时对园中游客的人口构成比例及空间构成形成初步结论，以便后期展开理论分析。

为设计出便于统计、执行率高且易于作答的问卷，我们将初步设计的问卷在两次预调研中进行投放，并根据每次投放过程中遇到的问题进行优化。为了保障问卷回收的有效率及对开放性问题答案的统计效率，在问卷投放前对调研人员作了初步培训，并对问卷中开放性问题的填写方式作了规范。最终问卷回收统计过程及结果在本节的结尾中具体说明。

1. 问卷设计

该问卷设计的目的是为了调查一些客观现状，如年龄、性别、职业、交通方式、同行人数等，是以显变量为主的问卷。问卷选项为可以直接观测或度量的变量，根据非量表类问卷设计原理，此类问卷做信度效度检验的方法主要为专家检验法。在公园活动的人群中，"专家"主要是指那些常年活动于公园中的游客。在研究实施中，"专家"主要指有经验的从事相关研究的工作者。因此，对本调查问卷的检验是以有经验的研究人员将问卷尝试投放于公园中，与园中常年活动的人群一起讨论检验。最终，经过专家型用户的参与讨论、小范围问卷投放及回收的实践操作，通过两轮问卷检验及修订，最终完成了问卷3.0版的设计过程（问卷3.0版本见附录）。

问卷的设置和投放，是为后续第五章的田野调查作出的初步探索，以便在调研展开前解决如下疑问：公园中的活动人群是以小群为主还是个人为主？公园中的空间活动内容及种类有哪些？空间行为特征是如何"分时"的？时间层次应如何划分？雨天是否需要加入调研计划？可达性测试中应选择何种交通方式且多长时间？

考量问卷拟解决的疑问和后续研究所需的前期相关探索内容，最终将问卷改版为3.0版本，问题设置及研究相关目的如表5.3-1所示。

表5.3-1 不同季节公园开放时间表述统计比较示例

问卷题目序号	拟解决疑问	目的	与后续研究间的关系
3、4、8	公园中的活动人群是以小群为主还是个人为主？是"常客"多还是偶尔前来的散客？	探索适用于"行为注记法"研究的公园空间行为的分类方式	5.3.3节城市公园空间行为的分类（适用于行为注记法）
5	公园中的空间活动内容及种类有哪些？	活动内容及其分类探索	"词频分析"结果可作为5.3.3节中空间行为的具体描述参考
6、7、12	空间行为特征是如何"分时"的？时间层次应如何划分？不同季节空间行为特征是否不同？	"分时"方式的初步理论依据	为6.2节"分时空间行为注记法"的时间分层段结构作初步探究
9、12	不同季节及天气是否需要加入调研计划？	确定季节、天气因素是否加入研究范围	研究计划中季节及天气的选择

10、11	可达性测试中应选择何种交通方式且设置多长时间更为合适？	探究访客所使用的交通工具类型及行程时长	6.3 节"可达性"研究具体测算时所选择的交通工具类型以确定时速等相关因素的取值
13、14	公园中活动人群的年龄、性别是否有明显特征？	活动人群基本属性信息采集	

问卷 3.0 版保留了之前版本中关于基本属性及同行人构成部分的相关问题（3~4 题；13~14 题），删除了个人隐私相关的问题，调整了来园频率及活动内容的相关问题。其中，第 5 题的设计是为了确认园内人群活动的具体内容，其"词频分析"结果可作为 6.1 节中空间行为的具体描述，为后续"行为注记法"中行为标识的分类设计提供参考依据。6、7 题的设置是为了获得不同季节人们在公园内活动的起止时间及停留时长，其时间的分类方式依据了表 5.3-2 中所统计的各公园开放时间的规律，统计结果可作为 6.2 节"分时空间行为注记法"中如何"分时"的初步理论依据。第 8 题是对人们来园频率的调研。第 9 题的结论可作为后期田野调查开展时是否需将特殊天气作为考虑因素加入调研计划中。第 10、11 题是为了确定 6.3 节"可达性"研究具体测算时选择交通工具类型选择时速等相关因素的取值。第 12 题是对人们到公园的季节性偏好作出的初步探索，其结果可作为 3.2.3 节中时间的"季节性分层段"初步验证。

表 5.3-2 不同季节公园开放时间表述统计比较示例

奉贤（古华园）　关门时间
　　　　　　　　冬令时 16:30
　　　　　　　　夏令时 17:00

虹口（和平公园）　4 月 1 日 ~4 月 30 日 5:00~18:00
　　　　　　　　　5 月 1 日 ~10 月 31 日 5:00~21:00
　　　　　　　　　11 月 1 日 ~3 月 31 日 6:00~18:00

虹口 (霍山公园)　　4 月 5:00~18:00
　　　　　　　　　5~10 月 5:00~21:00
　　　　　　　　　11 月 ~3 月 6:00~18:00

金山 (枫溪公园)　　5 月 1 日 ~10 月 31 日 5:00~19:30
　　　　　　　　　11 月 1 日 ~4 月 30 日 6:00-16:30

金山 （荟萃园)　　夏令时间：5:00~19:30
　　　　　　　　　（5 月 1 日 ~10 月 31 日）
　　　　　　　　　冬令时间：6:00~17:00
　　　　　　　　　（11 月 1 日 ~4 月 30 日）

闵行 (黎安公园)　　4 月 1 日 ~4 月 30 日 5:00~18:00
　　　　　　　　　5 月 1 日 ~10 月 31 日 5:00~21:00
　　　　　　　　　11 月 1 日 ~3 月 31 日 6:00~18:00

闵行 (莘庄公园)　　5 月 1 日 ~0 月 31 日 6:00~21:00
　　　　　　　　　11 月 1 日 ~4 月 30 日 6:00~18:00

普陀 (曹杨公园)　　4 月 1 日 ~4 月 30 日 5:00~20:00
　　　　　　　　　5 月 1 日 ~10 月 31 日 5:00~21:00
　　　　　　　　　11 月 1 日 ~3 月 31 日 6:00~20:00

普陀(长风公园)   5 月 1 日 ~10 月 31 日 5:00~21:30
                11 月 1 日 ~4 月 30 日 6:00~21:00

2. 问卷投放及回收

1）问卷投放

在问卷发放前，由于问卷中 5~7 题、13 题为填空题，为了增加问卷回收数据整理的效率，针对问卷中填空题的填写方式作了一定的规范，并将该填写规范在前期研究人员培训中反复强调，确保问卷回收的质量。具体规范如下：

第 5 题，如果同一游客会在公园参加多种活动，应将全部活动填入，以"顿号"间隔不同类别活动。如：王阿姨上午在公园跳舞，晚上在公园散步，则在第 5 题中应填入"跳舞、走圈"。

第 6、7 题。

（1）如果同一游客一日到访公园多次，则时间段间以"分号"间隔。例如夏令时王阿姨上午 7：00~8:30 在公园跳舞，下午 7:00~7:30 饭后会来公园散步，冬令时跳舞时间为上午 7:30~9:00，饭后散步时间为下午 6:30~7:00；在问卷填写时，第 6 题应填入"7:00~8:30；19:00~19:30"；第 7 题应填入"7:30~9:00；18:30~19:00"。

（2）如果活动结束时间不确定，则填入起始时间，结束时间为"不确定"，例如芳芳爸爸带孩子偶尔来公园玩，一般早上 9 点左右来，回去时间是看孩子玩耍的状态和意愿。因此填入"上午 9:00- 不确定"，以表示离开时间的不确定。

（3）如果游客表示只会在冬令时到访公园，夏令时由于天气炎热不会到公园活动，则问题 6 中填入"无"，表示夏令时不会到公园游玩。

第 13 题。如果被调研对象为未成年人或没有独立行为能力的老人的陪同者，来公园是为了陪同孩子或父母，在填写时需同时填入两人的年龄，并以"分号"间隔。例如一位 32 岁的母亲带着 3 岁的孩子来游玩，则此处填入"32；3"。

问卷中的其他题目均为选择题，研究人员仅需熟悉问卷内容即可熟练操作。经前期试验，在研究人员熟悉问卷内容的前提下，被访者仅需 2~3 分钟就可答完全部问题。符合最初问卷设计的原则。

2）问卷回收

本次问卷投放总量 313 份，分布在 14 个被抽样的公园内，每个公园发放 20~30 份不等，问卷发放方式是以不同活动类型的人群进行针对性发放，每种活动发放数量为 2~4 份。根据活动人群的配合度及人群数量略作调整，使得问卷能覆盖各类活动人群及全部被抽样公园，保障了问卷的回收质量。由于问卷投放有针对性且问卷发放人员的经验丰富、专业度较高，最终回收的有效问卷数量为 302 份，回收率 96.49%，回收率高于一般委托第三方公司所做的问卷调查工作。其中不同公园的问卷回收比例见图 5.3-1 所示，其中曹杨公园、莘庄公园、和平公园为在不同季节分别调研 3 次的公园（见 5.2.3 节抽样结果），闵行体育公园在调研时由于节日原因人流量明显高于其他公园(见 5.3.2 节人流统计结果)，因此以上四个公园的问卷投放数量明显高于其他公园。其余公园的问卷回收量基本为总样本的 4%~6%，样本回收量较为均衡，符合预期目标。

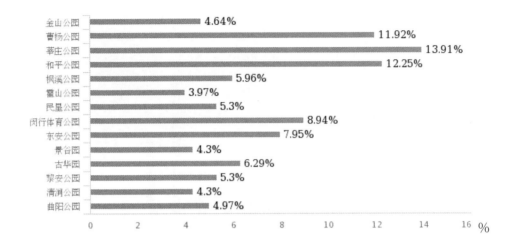

图 5.3-1 问卷回收比例

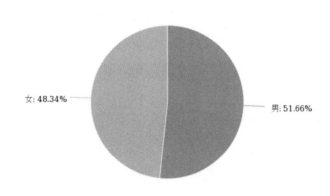

图 5.3-2 男女比例

3. 问卷统计及结果

（1） 性别与年龄统计

问卷第 14 题是关于被试者性别调研的单选题，根据问卷的原始数据可直接统计整理出结果。图 5.3-2 显示的是本次调研问卷回收后，问卷所统计的男女比例占比图。其中被调研对象中 51.66% 为男性，48.34% 为女性，问卷的投放回收中不存在性别偏向。本次问卷在性别方面与前期民星公园研究 [254]（男性

55.05%，女性 44.95%）中男性略高于女性游客的统计结果非常接近。由此可以得出：公园中的活动人群数量性别差异不大，男性游客数量略高于女性。

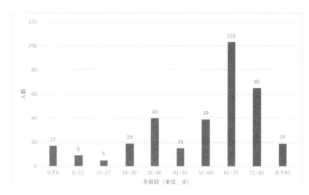

图 5.3-3 年龄统计

基于问卷第 13 题回收结果，最终得到计 331 个有效年龄数据。为了区分不同年龄段游客的数量分布及其特征，对 18 岁以下的未成年人，采用幼儿（小于 6 岁）、儿童（6~11 岁）、青少年（11~17 岁）的分类方式，旨在分析统计在公园中的未成年人的年龄特征；对 18 岁以上的人群，按照 10 岁一个跨度进行统计，最终统计结果如图 5.3-3 所示。其中，18 岁以下的游客共计 31 人，小于 6 岁的有 17 人，占未成年游客的 54.84%。成年人中，103 人在 61~70 岁年龄段，占总样本的 31.12%，位居第一；排列第二的是 71~80 岁年龄段的有 65 人，占总数的 19.64%，51~60 和 31~40 岁的分别有 39 和 40 人，占总样本数的 11.78% 和 12.08%。可见，公园中活动的人群多数为 61~80 岁年龄段的老年人，也不乏一些 30~40 岁的人群。

（2）同行人数与同行人关系构成统计结果

同行人关系构成是指与被调研游客一同前来的人之间的关系。同行人数指一同前来的同伴数量。通过问卷中单选题方式进行调查并统计分析回收的 302 份有效问卷，最终得出的统计结果如下。

图 5.3-4 是关于同行人数的调查统计分析，被调研游客中有 35.76% 的人是独自来公园游玩，这里显示为"0"人陪伴；31.79% 的人为 2~3 人结伴前来；也

有 23.18% 的人是 5 人以上的小团体一同前来活动；4~5 人结伴的情况较少，占总数的 9.27%。可见，公园中的游客大约有 1/3 的人愿意独自一人前来，而多数人会选择 2~3 人结伴或 5 人以上的小团体到公园中进行活动。

图 5.3-5 是被试游客与其同伴间的关系调查，即问卷第 3 题的结果统计。其中超过 1/3 的人是选择和朋友一起出行，占总数的 37.75%；其中选择"其他"选项的只有一人，该答卷是一起前来的朋友的孩子，不在可选项范围内，因此勾选了其他；公园中也有少部分子女陪同年迈父母或夫妻二人共同来公园的情况，分别占总数的 1.66% 和 3.97%。

图 5.3-6 是同行人关系构成与人数间的交叉分析图。其中值得注意的是，一家 3 口 / 一家 4 口的选项中，有 19.05% 的人是 4~5 人同行，80.95% 的人为 2~3 人同行，这说明在一家人出行的情况中，可能有 19.05% 的家长带着两个孩子一起在公园中游玩，而大部分在公园中带孩子游玩的家庭还是以一个孩子为主。另外，同行人关系选择"朋友"的被试中，有 60.53% 的人是 5 人以上的团体一同来公园，而以 2~3 人或 4~5 人结伴同行的情况相对较少，分别只占了 21.93% 和 17.54%。这说明与朋友一起前来公园活动的人大多数是 5 人以上的小团体。

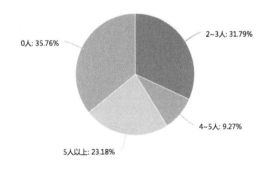

图 5.3-4 同行人数统计

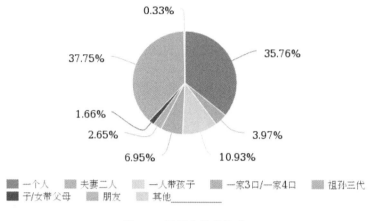

图 5.3-5 同行人关系构成

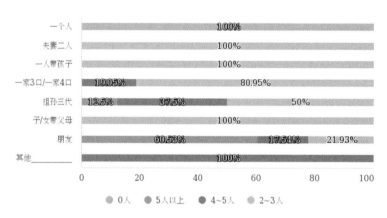

图 5.3-6 同行人关系——同行人数交叉分析

（3）活动内容

问卷中的第 5 题是关于活动内容统计的填空题。我们将回收后的样本导入问卷星在线问卷发放平台中，做词频分析，其结果如图 5.3-7 所示，图中数字对应的柱形图是某一词汇出现的次数统计，从左往右依次是从多到少，例如"孩子"一栏表示"陪孩子玩"的行为在回收的 302 份问卷中出现过 40 次，"跳舞"的活动则出现过 30 次，由此可以推断，公园中常出现的活动可能包括陪孩子玩、跳舞、散步、跳交谊舞、走圈、打太极拳、打牌、遛鸟……这些活动中最受欢迎的活动包括带孩子玩、跳舞、散步、跳交谊舞、走圈、打太极拳等。唱歌、打牌、遛鸟、聊天、吹奏乐器等可视为较受欢迎的活动。对活动内容和活动人群的行为更为精确的统计及调研将在本书第 5.3.3 小节中展开详细说明，并将基于分时空间行为注记法的活动内容统计结果在 6.2 节中与本问卷统计结果作比较分析。

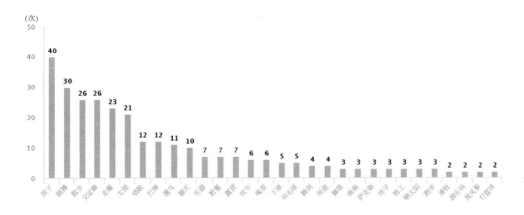

图 5.3-7 活动内容词频统计柱状图

（4）活动时间（6~7 题）

由于不同游客在公园中游玩开始时间及结束时间不同，部分游客会有一日到访几次同一公园的现象。在问卷设计时，为了增加问卷填写效率，关于活动内容、活动时间段的三个问题（问题 5~7）以填空的方式进行采集，并在统计前做了数据清洗及规范化的预处理工作。

①游客进入公园的时间规律分布特征（图 5.3-8）。其中 X 轴为样本序号，Y 轴表示单个游客进入公园的时间，黑色点为游客夏令时上午进入公园的时间，浅灰色点为夏令时下午进入公园的时间；灰色点为游客冬令时上午进入公园的时间，深灰色为下午进入公园的时间。由于有一部分游客四季在公园进出时间没有差别，所以有部分黑色点被灰色点覆盖，表明同一游客进入公园的时间不受季节变化的影响。同样，有部分浅灰色点也会被深灰色点覆盖。不同季节同

一游客进出公园的时间相同，导致分布点的重合并不会影响数据展示的准确性。相反，由于点的重合，反而减少了重复计算同一游客同一出入时间的情况。所以，依据此时间散点分布图得到的结论具备一定的可靠性。

从图 5.3-8 中首先可以看出线框标记的中午时段（10:30~12:30）到公园的游客较少，这可能是因为中午时段人们需要午餐或午休。早上 5 点之前及晚上 7 点以后，公园也不再有人愿意进入，这可能与公园的开园、闭园时间有关。

其次上午 5:00~10:30 之间，游客到园频次较下午（12:30~17:30）略高。散点图中，Y 轴方向上点与点之间的间距表示游客入园的频次，Y 轴方向上的点越密集，游客进入公园的频次越高，反之越低。在图 5.3-8 中深灰、浅灰色点相较于黑、灰色点略显松散，由此可以推理出上午游客进入公园的活动更为频繁，活动内容更丰富，活动频次更高，而下午进入公园的频率稍显松散。

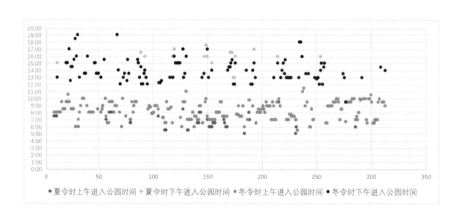

图 5.3-8 游客进入公园时间规律分布特色

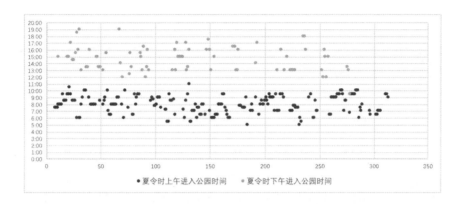

图 5.3-9 游客夏令时进入公园时间分布

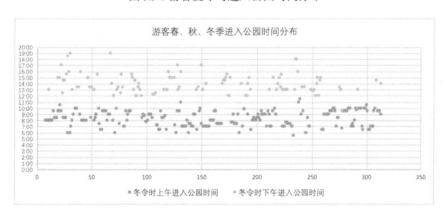

图 5.3-10 游客冬令时进入公园时间分布

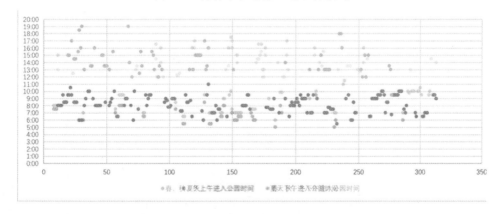

图 5.3-11 游客冬、夏令时进入公园时间分布叠加

比较图 5.3-9 与图 5.3-10 可知，夏令时段与冬令时段在早上的活动频率及活动人数基本相似，在下午时段中，夏令时散点分布较冬令时更松散，这表明夏令时下午活动人群较其他三个季节频次及人数都更少。

图 5.3-11 是由图 5.3-9 与图 5.3-10 叠加组成，以此观测夏令时游客入园时间与冬令时的差异性。从图中可以看出，Y 轴维度中，浅灰色点分布的跨度略大于灰色点，在 5:00~19:00 之间，灰色点分布于 6:00~19:00 之间，可见在夏令时，公园活动开始的时间比其他季节早一个小时。这可能与夏令时午间炎热气候有关，也可能与公园的开放时间相关。

②活动停留（逗留）时长统计结果。基于游客进出公园时间数据处理的基础，分别计算出游客夏令时下午及冬令时上、下午的逗留时长，最终以 30 分钟为间隔停留时长为条件，分别统计出游客在各公园中活动时长与活动人数的规律，统计结果如表 5.3-3 所示，其中 Ts 为游客在公园内的逗留时长。

表 5.3-3 游客在公园内的逗留时长——人数统计

	Ts<0.5 小时	0.5 小时 ≤ Ts <1 小时	1 小时≤ Ts <1.5 小时	1.5 小时 ≤ Ts <2 小时	2 小时≤ Ts <2.5 小时	2.5 小时 ≤ Ts <3 小时	Ts ≥ 3 小时	总人数
夏令时上午	1	3	55	63	29	7	43	201
夏令时下午	1	5	21	11	17	7	19	81
冬令时上午	1	5	46	70	29	10	67	228
冬令时下午	1	5	19	15	27	12	29	108

表 5.3-3 和图 5.3-12 展示的是游客在公园内的逗留时长——人数统计结果，在被调研的 302 人中，夏令时上午时，分别有 55 人和 63 人在公园内逗留 1~1.5 小时和 1.5~2 小时之间，两个时间段的逗留人数超过总人数的 1/3，为 38.82%；

同样的情况在冬季上午一样显著，分别有 46 人和 70 人会停留 1~2 小时，占总样本的 38.16%。表 5.3-3 中高亮部分数据显示，无论什么季节、什么时段，在公园进行各种活动的大多数人会逗留 1~2.5 小时左右。另外也有很大一部分人会长时间留在公园中，时长超过 3 个小时。

如图 5.3-12 所示，被调研的游客中，进入公园并停留半小时以内便离开的人极少，仅占入园人数的 0.3%（冬令时）~0.41%（夏令时），人们进入公园后几乎所有人都会逗留超过半小时。图中无论是夏令时还是冬令时，表示上午的柱形图（黑色、灰色）远高于表示下午的色柱，可见，上午入园的游客数明显多于下午的数量，这在本书 5.3.2 节关于人流量统计的相关内容中也同样得到证明。

（5）交通方式

被访游客对交通方式的选择以及路上耗费时间的统计结果分别如图 5.3-13 和图 5.3-14 所示。游客到达公园交通方式的选择，其中大部分人选择步行为主，占总人数的 65.46%，远远超过对于排列第二的 14.47% "电瓶车" 方式。由图中数据可以看出，通过骑行方式（电瓶车和自行车）到达公园的人数占 20.39%，接近 1/4 的人数，其中选择电瓶车是选择自行车人数的约 2.4 倍。由于上海市的大部分公园允许残疾车辆直接驶入，因此到达公园的人中还有一些选择残疾车作为代步工具。从数据上不难看出，也会有极少部分人选择出租车或地铁的方式到公园，占总样本数的 0.33% 和 0.66%。

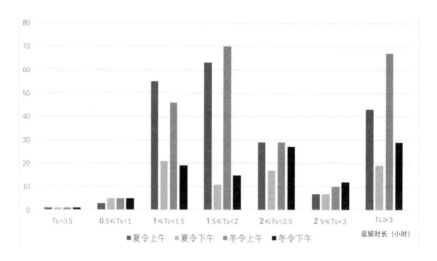

图 5.3-12 游客在公园内的逗留时长——人数统计趋势图

从图 5.3-14 中不难发现，人们到达公园的路上耗时一般在 20 分钟内，其中占比最多的是 5~10 分钟，占 42.76%，接近总数的一半，其次选择 10~20 分钟和 5 分钟以内的人数比较接近，分别占 22.37% 和 20.72%，这三组数据的总和是总样本数的 85.85%。由此可见，人们基本愿意花费 20 分钟以内路上消耗的时间到达公园，这也为后期本书 6.3 节的可达性测试中行程速度的设置提供了依据。

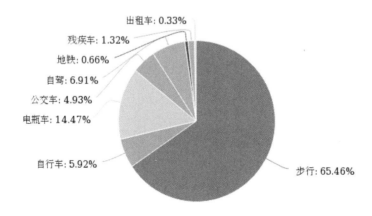

图 5.3-13 来园交通方式

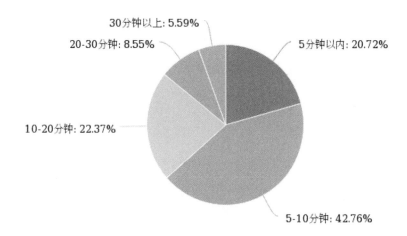

图 5.3-14 路上耗时

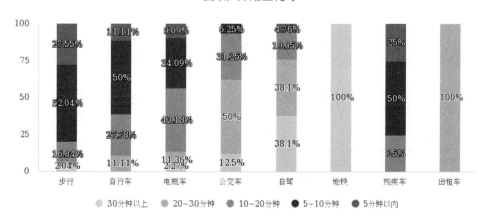

图 5.3-15 来园交通与路上耗时交叉分析

图 5.3-15 是不同交通方式与路上耗时的交叉分析结果。

首先，用"步行"方式抵达公园的人中，有 51.76% 的人需耗时在 5~10 分钟之间，27.64% 的人需用 5 分钟就能走到公园，17.09% 的人需用 10~20 分钟步行到公园，剩余的极少数人会步行超过 20 分钟。

其次，骑"自行车"的人中，有 50% 的人路上耗时 5~10 分钟；27.78% 的人需要 10~20 分钟；骑自行车 5 分钟内到达公园的人占 11.11%；剩下的 11.11%

的游客需要骑 20~30 分钟才能抵达公园。

最后，另一种骑行"电瓶车"的使用者中，有 43.18% 需要骑 10~20 分钟才能抵达公园，属于居住距离较远的游客；5~10 分钟时耗的骑车者有 34.09%，略超过电瓶车骑行人数的 1/3；需要用时在 5 分钟之内及 20~30 分钟的人分别占 9.09% 和 11.36%。

除了以上三种较主流的交通方式外，其余 5 种方式可以通过图表直接解读，这里不再赘述。

(6) 天气、季节选择偏好

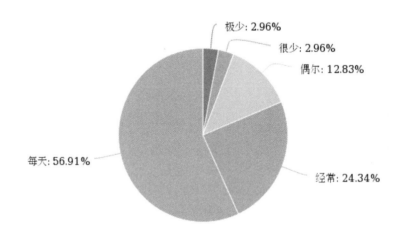

图 5.3-16 来公园的频率

本小节最后对问卷中第 8、9、12 题做了统计，归纳其结果如下：

图 5.3-16 是以单选题的方式，对到访公园游客的频率所做调查结果的统计。其中有 56.91% 的人选择每天来公园，是公园中的"常客"；"经常"和"偶尔"到公园的人分别占 24.34% 和 12.83%；只有 2.96% 的游客是"很少"或"极少"来公园。

图 5.3-17 中可以看出，71.38% 的人一年四季来公园的频率是一样的，他们

不会因季节的变化而减少到访公园的次数；选择春、秋天到公园游玩的人分别占了总数的24.34%和16.12%；1.64%的极少数游客选择冬天到访公园的频率较高。

图5.3-18中清晰展现了雨天人们到公园意愿的统计结果，70.72%的人表示下雨天不会到访公园；25%的人选择了"下小雨会来"，占总样本数的1/4，可见公园在下雨时依然会有游客；有1.97%的人选择了风雨无阻，他们是公园的"忠实粉丝"。

虽然第9题选项中70.72%的人表达了"下雨天不会来"的意愿，看似与第8题的统计结果在逻辑上有非常大的矛盾。但在后期回访及非正式访谈的过程中，研究人员发现，人们选择"每天"所表达的意思并不是客观意义上的每天，他们也会在回答第九题时补充到"如果雨停了也会出来转一圈"或是"公园就是家门口的后花园，不出来没地方玩"等表达。由此可见，第8题中"每天"的选项从主观意义上来说，相当于"几乎天天来"或者是"来的频率非常高"的含义。

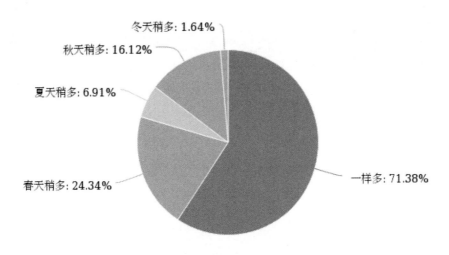

图 5.3-17 季节性偏好

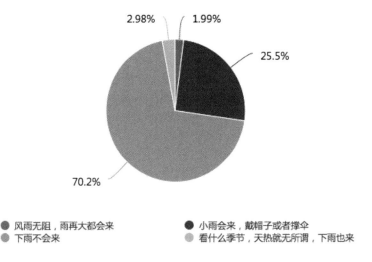

图 5.3-18 下雨天来公园情况

5.3.2 基于分时人流量统计法的空间行为时间分层段结构

根据 5.1.3 节中研究路径的设定，本小节完成人流量统计及非机动车停放统计的研究。在研究初期，对于人流量统计的具体方法还未明确，其中包括两个方面原因的考量，第一，智能设备统计是否稳定可行；第二，如果智能统计的方式不可行，那人工统计的误差会不会产生不良影响。基于这两个方面的考虑，在研究开始前，首先阐述了对统计方式的技术路径作初步探索的过程。基于研究技术路线的确认，设计了统计用的记录表（此处称为人流量统计表及非机动车停放统计表）。在方案实施的过程中，基于实践操作层面上的部分现实问题对统计表作了部分微调，同时对于统计内容及范畴作了一定的规范，这些在下文中作详细说明。对于量表的统计过程及结果将在本小节的最后部分详细展示。

1. 统计方法

（1）统计方法选择

在统计人流量时，理应考虑使用智能摄像头进行统计。但因设备价格昂贵、安装审批流程长、涉及个人隐私方面的法律争议等诸多问题。另外，在部分公园中 (黎安公园, 古华园) 已安装了人流量智能统计系统，但因部分摄像头损坏，形成数据不完整和可信度存疑。最后，只能采用更为方便实施的人工统计方式进行人流量数据的统计工作。

（2）人工统计与智能统计数据比较

人工统计法的优势在于：把控灵活性较高，可随机用于各类公园，对初期调研覆盖面广、样本量较少时的设备投入成本低，人工统计学习成本更低，易快速掌握并推行，无"隐私、安全"等方面的后顾之忧，在被抽样的公园中多数都不配备可统计人数的监测系统。因此，本项研究选用人工计数器统计人流量是最为经济的方法。

人工统计法的局限性在于：人力成本较高，人工计数也可能存在一定数量上的统计误差。在被抽样的公园中存在多个入口，是否仅通过统计单一入口的人流出入变化推测公园整体人流变化？

为了确认人工统计结果是否对整体人流趋势的预测有代表性，研究人员将古华园的智能人流量记录数据与2号口人工统计的数据作了对比，以探索人工统计结果与公园人流整体变化间的关系，并试图找寻更为经济实用的统计方法。具体操作过程如下：

第一步，研究助理左右手各执一个传统计数器，根据进出公园的游客数量，利用双手中的计数器，左手记录进入公园的人数，右手记录离开公园的人数，分时段统计，分别记录每小时进、出公园的实际人数。

第二步，将人工统计结果与摄像头统计结果作对比，探索人工统计的可行性。图 5.3-19 为人工统计与摄像头统计结果的对比图。其中，智能人流量记录系统中的数据，是古华园中安装在所有出入口的摄像头及 IPVA 商业人流统计系统测算出的全部进出人数，而人工统计数据是工作人员选择古华园 2 号口，通过上述方法统计出的每小时进出的人数。

图 5.3-19 中灰色线为离开公园、黑色线为进入公园人数的统计结果。观察图中的折线趋势不难发现，在 16:00~17:00 时，摄像头统计结果显示离园游客数急剧攀升，但人工统计却没有相似的趋势展示。后经调查，是由于多数带孩子到公园搭帐篷及郊游的游客是骑电瓶车和开车进入公园的，而研究人员所处的 2 号口门外停车位较少，并不是园内主入口。据保安介绍，大部分游客都是从 1 号口进出公园，因此坐在 2 号口的研究人员没有统计到大量带孩子到公园的游客离园的情形。这不是人工统计误差造成的，而是出入口的选择问题。摄像头与人工统计结果在 16:00~17:00 间的数量级上的差异，使我们很难从折线图中直接作比较研究。为了进一步比对人工统计数据与摄像头统计数据结果间是否存在一致的趋势，我们删除了古华园 16:00~17:00 因闭园导致的巨大数据差异，最终得到了图 5.3-19。

图 5.3-20 中的两个黑色线段表示入园人数变化趋势，经比对，两条线段虽在整体上都呈上升趋势，但在转折点的细节处明显不同。例如，在人工统计图中，13:00~14:00 时段出现了明显的波动，而在摄像头统计数据中，只有 10:00~11:00 的时段出现了少量的波动。同样，对比两图橙色线段，人工统计结果的拐点分别出现在 9:00~10:00、13:00~14:00 时段，而摄像头统计公园总体离开人数仅在 9:00~10:00 时出现少量减少，13:00~14:00 间并未发生转折。因此，使用人工统计公园某一入口的进入人数或者离开人数，并不能完全代表公园整体进入和离开人数的变化情况。

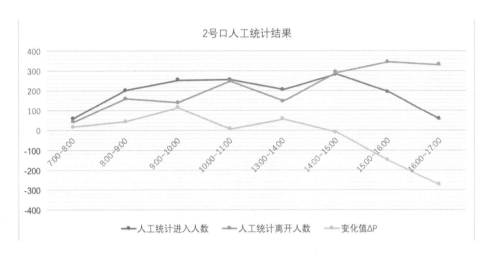

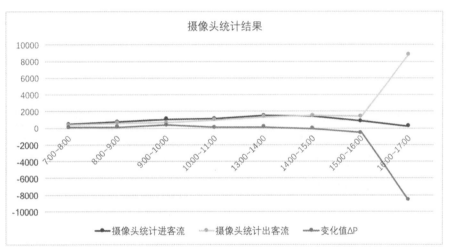

图 5.3-19 摄像头统计（下图）人工统计（上图）情况对比

第三步，为了对两组数据做进一步对比，探索出更为适当的人工统计方式，我们对两组数据作了一定程度的处理后，得到较为满意的比对结果。

处理入园人数数据时，首先，设定一个变化量 ΔP 表示每小时公园内的人数变化情况，ΔP 等于每小时通过入口进入公园的人数减去离开公园的人数；当 ΔP 为正数时，代表该时段内进入公园的人数多于离开的人数，公园内人数变化处于上升阶段；当 ΔP 为负数时，表示该时段内离开公园的人数更多，公园内人数变化处于下降阶段。

接着，根据先前的统计数据，分别计算出人工统计和摄像头统计结果中的ΔP值，并最终形成图 5.3-20 中的灰色折线。

最后，对比两条表示 ΔP 值的折线我们惊喜地发现，两条线段无论是在整体趋势还是在波动的拐点位置，都有着惊人的相似之处，唯一的差别在于，摄像头统计结果相较于人工统计结果，其变化稍显平缓。

由此可以推断，在排除公园关闭前一小时数据的基础上，对于公园某一出入口（并不一定是主出入口）人工统计结果中的 ΔP 值在一定程度上可以代表公园整体人流变化情况，其波动及拐点位置具有极高的相似度，具备一定的代表性。

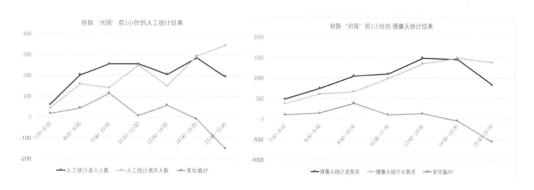

图 5.3-20 摄像头、人工统计情况对比（排除"闭园"前 1 小时）

(3) 人工统计及数据处理原则

人工统计虽然在数量上达不到智能设备的统计数量，但是在人流趋势上的变化基本是一致的。此项研究的入园人数观测、数据统计是为了在时间和公园的可达性分析上做相关性比较研究，仅需得到不同时段进出公园人流趋势的大致数量即可，对于数量的精确程度没有特别高的要求。因此，人工统计方法的误差在可被接受的范围内。最终的人流量计量方式选择以人工统计方法进行，并对统计出的结果作初步数据处理，按如下原则进行：

①公园闭园前 1 小时内数据不作为分析对象使用。

②分别统计每个公园调研结果中的 ΔP 值并汇总。

例如，在 2018 年 12 月 28 日曹杨公园的统计数据中，用 Excel 数据处理软件对于 ΔP 进行计算，其结果如表 5.3-4 所示。表中数据结果表明，早上 7:00~9:00 间，公园内进入的人数多于离开的人数，ΔP 为正数，而 15:00~20:00 间公园人数呈逐渐减少状态，ΔP 是负值，园内逗留人数呈递减状态。

表 5.3-4 曹杨公园 ΔP 数据统计表

时段	进入人数	离开人数	ΔP 值
7:00~8:00	262	213	49
8:00~9:00	664	563	101
9:00~10:00	1161	975	186
10:00~11:00	1019	926	93
13:00~14:00	717	570	147
14:00~15:00	833	621	212
15:00~16:00	727	1023	-296
16:00~17:00	387	973	-586
19:00~20:00	120	191	-71

2. 方案实施过程

根据研究内容，研究人员设计了两份统计表格，用于实际记录统计数据，具体形式见图 5.3-21。

人流统计表（C组表2）　　　　　　　　　　　　　　　　　　　　人流统计表（C组表2）

公园名称＿＿＿＿　记录日期＿＿＿＿　记录人：＿＿＿＿

入园人数统计表		
时段	进入人数	离开人数
7:00~8:00		
8:00~9:00		
9:00~10:00		
10:00~11:00		
11:00~12:00		
12:00~13:00		
13:00~14:00		
14:00~15:00		
15:00~16:00		
16:00~17:00		
17:00~18:00		
18:00~19:00		
19:00~20:00		
20:00~21:00		

骑行工具停放情况		
记录时间	电瓶车数量	自行车数量
7:00		
8:00		
9:00		
10:00		
11:00		
12:00		
13:00		
14:00		
15:00		
16:00		
17:00		
18:00		
19:00		
20:00		
21:00		

图 5.3-21 人流数据统计表

调研统计表（图 5.3-21）中左侧的"入园人数统计表"需调研人员从 7:00 开始不间断地同时统计进、出公园的人数，具体采用如上文所述的"左右手"按压计数器的方式，每小时结束时需清零后重新统计下一时段的人数。对于"骑行工具统计表"需要在整点时，分别统计公园同一门口所停放的自行车和电瓶车的数量，并记录在表格中。

3. 空间行为时间分层段结构雏形

首先分别依次计算出所有被调研公园的 ΔP 值，统一整理归纳出数据，并在公园名称后加入调研日期编号。其次，标记为灰色高亮部分的公园名称其调研时间为节假日（五一、清明）。由于 18:00~19:00 这一时间段中，有些公园已经闭园，因此部分公园无统计记录。最后，删除 11:00~13:00、17:00~18:00 及 19:00 以后的数据行，并根据夏令时和冬令时时段分别整理归纳出最终的统计结果，见表 5.3-5 及表 5.3-6。

表 5.3-5 和表 5.3-6 中的"平均值"一列数据是对应时间段所在"行"的全部公园数据的平均数，"日常型公园平均值"是除"高亮部分"公园名称所在对应"列"中数据外，其他公园对应时段"行"的 ΔP 的平均值。

根据表 5.3-5 和表 5.3-6 的数据，分别制作折线图 5.3-22 和图 5.3-23。由于表 5.3-6 中闵行体育公园调研得出的数据与其他公园的数据趋势及数量上差异很大，初步判断：闵行体育公园的情况有一定的特殊性，需要后期进行单独研究探讨。为了探索公园各时段人流量变化的普遍规律，首先剔除了闵行体育公园的数据，并重新制作折线图 5.3-24。为了比较夏令时与冬令时公园人流量变化趋势关系，分别将两个折线图纵坐标轴的范围设定在相同的"-500~300"区间内，以便作直观对比研究。

通过观察图 5.3-22 可以发现，夏令时，代表平均值的虚线与代表各公园的折线，起伏及转折位置等趋势情况非常相似。如 7:00~10:00 间公园中的人流基本处于平稳增加的状态，虚线表述了这一普遍现象，在所有折线中，只有和平公园的情况明显不同，其 7:00~8:00 间人流量处于下降态势，8:00~9:00 时又恢复到上升状态。到了 10:00~11:00 间，公园平均人流增加量明显减少，到达上午时段的最低值 -55，可见这一时段，公园中离开的人多于进入的人，园中客流量处于减少态势。下午 13:00~15:00 间，公园中人流平均增长情况与上午 7:00~10:00 间相类似，处于稳定增加的状态，15:00 后出现拐点，直线下降至 16:00~17:00 间的 -198，这说明 15:00 后大批量人群开始离开公园，其中以"五一"假期中的两次和平公园的统计情况最为明显，下降斜率最高。在 17:00 以后，公园人流变化折线又出现大幅度攀升，但其总体数量仍处于"0"坐标轴附近，这表示 17:00 以后，进入公园的人数与离开公园的人数几乎相当，此时公园内游客的流动性更大。

其次，图 5.3-24 表示的是冬令时除"闵行体育公园数据"外的人流量变化值 ΔP 的统计结果。图中虚线部分表示的是 ΔP 的平均值，与夏令时不同的是，冬令时变化趋势图中表示平均值的虚线并不完全符合所有公园的人流量变化态势。这些折线的共同之处是: 在 7:00~9:00 间公园人流量处于平稳增长的状态, 在 9:00~10:00 时进出公园的人数几乎相当, 较前一时段增长情况有所下降, 这种下降一直持续到下午。在 13:00 以后进入公园的人开始增多, 于 14:00~15:00 间达到一天的最高值, 15:00 以后急剧减少并在 1 小时内回到 "0" 附近。16:00 以后离开公园的人数逐步增多, ΔP 为负值且呈持续下降态势, 17:00 以后公园人数平稳减少, 部分公园闭园。而不同之处是: 在 13:00~15:00 之间, 有一半的公园折线的斜率与表示平均值的虚线斜率正好相反, 并呈下降趋势, 这些公园是和平公园、莘庄公园、枫溪公园、金山公园、景谷公园。这种与平均值斜率相反的情形在下个时段依然如此, 处于郊区的景观、枫溪、莘庄、金山公园在 14:00~16:00 间 ΔP 值有所增长, 而此时平均值与另外 6 个公园正处于下降阶段。

最后, 比较夏令时和冬令时的公园人数变化趋势图, 不难发现如下特征:

(1) 夏令时 ΔP 值变化范围在 -679 到 246, 冬令时的 ΔP 值变化范围在 -198 到 209 之间, 可见夏令时公园中人流量的变化比冬令时更为剧烈。

(2) 无论是夏令时还是冬令时, 公园上午客流量都在 10:00 以后开始递减, 并于 11:00 后开始回升。

(3) 夏令时人流增加的高潮时段并不明显, 但冬令时在下午 14:00~15:00 达到明显高峰。

(4) 两个时令中, 15:00 以后公园都处于游客流失状态, 并持续到 17:00 以后开始回弹。但是夏令时在 18:00~19:00 后, ΔP 值为正数, 表示有更多的人进入公园, 但冬令时 ΔP 值虽有反弹却依旧为负值, 表明园内游客处于持续递减态势。

这些调研数据中, 关于闵行体育公园之所以特殊的成因猜测, 首先可能是调研日期正值清明节小长假期间, 人流量大幅增加导致的情况不同, 因此我们将所有假日时调研的公园数据单独提取后作比较, 其结果如图 5.3-25 所示。其中和平公园和古华园的调研时间在"五一"假期，闵行体育公园和民星公园调研时间在清明节期间。图中我们不难看出，除闵行体育公园外，其余公园都在早上 9:00~10:00 到达人流进入高峰，10:00~11:00 时段到达人流离开低谷，而闵行体育公园上午时段人流量的增长是持续急剧增长，与其他在假日公园被调研的样本数据变化规律完全不同。到了下午 13:00~15:00 之间，全部公园都保持一定程度的平稳增长，15:00 后闵行公园人流明显呈急剧减少趋势，表明人们 15:00 后开始大量离开公园，与其他公园游客离开的时间基本一致，此期间公园间 ΔP 值的变化仅体现在离园游客的数量和离开速率上。由以上比较研究结果可以推测：假期中闵行体育公园上午时间段的游客活动人流量变化与其他公园明显不同，这可能是因游客活动习惯及活动内容导致的。假期中闵行体育公园的游客多数以度假为目的，带孩子外出郊游野餐为主要活动内容。这种特殊性在被抽样公园中未有第二例，因此尚不能准确得到相关结论性结果。

5.3.3 基于小群体活动有机形态的空间行为聚类法

城市公园空间行为是以小群活动为主的空间行为，结合问卷调查关于"同行人构成"的研究结果，本节重点分析城市公园中小群活动的空间行为特征及其分类。研究将通过无人机俯拍结合快照法，记录城市公园中的各类小群活动，并绘制小群活动空间边界形态及活动有机形态，最终通过分析研究小群活动的有机形态特征，整理归纳出城市公园中的小群空间行为分类，即适用于城市公园空间行为研究的主要空间行为：个人行为、有组织小群及自组织小群。该分类方式也应用于 6.2 节的分时空间行为注记法调研中。

1. 调查研究计划

在 5.2 节所抽样出的 14 个公园的基础上，基于公园的面积对公园进行分类，其中包含 5 个微型公园、5 个小型公园和 4 个中、大型公园。

（1）时间安排

调研工作主要安排于周六、周日、周一及周五展开，选择冬季、春季、初夏三个季节点作为主要调研时间段，调查时间为 2018 年 12 月至 2019 年 6 月，共 8 个工作日及 11 个节假日，其中包含了 2 次雨天及一次下雪的特殊天气，共计 264 小时的实地观察。

调研的季节性分布见表 5.3-7，其中多数数据采集于春季时段（2019 年 3~5 月），仅有少量作为季节对比用的数据采集于冬季（2018 年 12~1 月）及初夏（2019 年 6~7 月）。大型公园（闵行体育公园、和平公园）在冬季及春季两个季节采集数据。小型公园（曹杨公园、莘庄公园）分别于冬、春、夏三个季节采集数据。

表 5.3-7 调研的季节性分布

	中型大型		小型微型	
公园数量	2	2	8	2
季节	春	春、冬	春	冬、春、夏
总调研次数	4	6	8	6

表 5.3-8 调研时间 - 公园名称对照表

表 5.3-8 是具体的调研时间——公园名称对照表，表中浅灰色部分是位于市区的公园，深灰色标记了位于郊区的公园，该表记录了为期 6 个月的调研时间

分布及对应的公园名称，每次调研是针对单个公园 7:30~18:30 的小群活动采集样本。例如，清明节对闵行体育公园做了全天的田野调查，"五一"劳动节期间分别对和平公园及古华园进行了调研。 （2） 研究团队构成

研究团队共计 13 人。每次田野调查出访研究团队由 5 人组成。分成 A、B、C 编号的 3 队，所负责的研究方案实施工作如表 5.3-9 所示。

表 5.3-9 调研人员对应工作内容安排

调研人员分组	研究方案实施	调研人员编号
A 组	小群空间行为尺度——形态量表	A1
	航拍、快照	A2
B 组	问卷	B1
	行为注记地图	B2
C 组	人流统计量表	C1
	ArcGIS 可达性分析	软件分析

（3） 数据的回收

研究是基于空间小群行为的观察研究统计出的研究结果。本次行为观察总时长共计 264 小时，包括了 13 个工作日及 11 个节假日。本次小群活动的采集样本总数为 268 个小群体，共计 2538 人次。包含了 66 个太极、武术行为；27 个健身操；29 个交谊舞；49 个广场舞；15 个羽毛球；3 组踢键子；16 组喝茶、聊天；26 组打牌、下棋；10 组演奏、演唱；7 组搭帐篷、野餐；4 组带孩子玩；3 组合唱；3 组练习乐器；1 组写毛笔字；1 组健身器运动；1 组钓鱼；1 组放风筝；2 组打篮球和 4 组个人其他活动。通过活动形态的聚类分析，最终得到了 6 类小群活动的有机形态。所绘制记录的小群活动空间边界形状及活动分布状态图示与快照图片经人工核查校对，均为有效数据。

小群活动有机形态的具体研究实施过程及结果可详见本书 6.1 节小群体活动有机形态记录表及研究实践。

5.3.4 分时空间行为注记法

本研究在行为注记法（或称行为地图法）的基础上，根据 5.2 节中抽样结果，对上海市内不同行政区划的 14 个公园展开了为期半年的田野调查。基于前期问卷及人流量统计中空间行为的分时段规律，结合 5.3.3 节中城市公园空间行为的分类方式，改进了基于威廉·伊特尔森 (William.H.Ittelson)"行为标记法"发展而来的"行为注记法"，得到了"分时空间行为注记法"。最终，以上海为研究范围，将"分时空间行为注记法"应用于被抽样的 14 个公园中，记录不同季节、不同时间段、不同公园中的空间行为，以探索其规律。

关于空间行为注记法的具体研究过程及结果，详见本书 6.2 节，此处不再赘述。

表 5.3-5 夏令时各公园 ΔP 统计结果

	莘庄公园 2019年06月23日	曹杨公园 2019年06月22日	曲阳公园 2019年05月18日	莘庄公园 2019年05月16日	清涧公园 2019年05月12日	黎安公园 2019年05月11日	古华园 2019年05月04日	古华园 2019年05月03日	和平公园 2019年05月02日	和平公园 2019年05月01日	平均值	日常型公园平均值
7:00~8:00	94	178	30	138	56	23	22	17	134	49	74	87
8:00~9:00	215	169	21	131	11	15	77	44	68	101	72	94
9:00~10:00	4	131	-29	-3	-44	115	78	115	239	186	79	29
10:00~11:00	-228	-233	2	-127	-59	20	52	7	-78	93	-55	-104
13:00~14:00	200	41	119	88	24	33	96	57	246	147	105	84
14:00~15:00	77	47	28	59	43	52	-5	-9	199	212	70	51
15:00~16:00	-21	-58	4	-13	51	16	-48	-150	-140	-296	-66	-4
16:00~17:00	-160	-38	61	-98	-12	-30	-161	-275	-679	-586	-198	-46
18:00~19:00	118	118	24	21	30	-81				-71	7	22

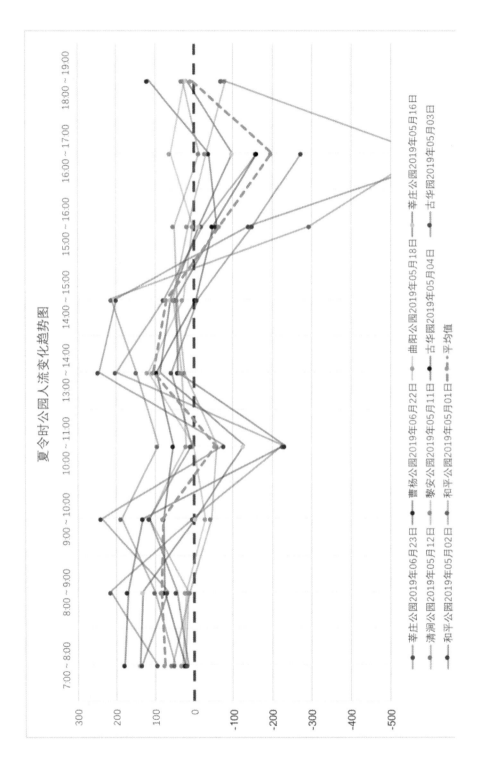

图 5.3-22 夏令时各公园人流变化趋势图

表 5.3-6 冬令时各公园 △P 统计结果

时间	景谷园 2019年 04月 26日	东安公园 2019年 04月 18日	金山公园 2019年 04月 07日	闵行体育 2019年 04月 05日	民星公园 2019年 04月 04日	曹杨公园 2019年 03月 31日	霍山公园 2019年 03月 24日	枫溪公园 2019年 03月 16日	和平公园 2019年 01月 06日	莘庄公园 2019年 01月 01日	曹杨公园 2018年 12月 28日	金山公园 2018年 12月 01日	平均值	日常型公园平均值
7:00~8:00	9	22	166	59	55	133	24	44	132	80	44	158	79	81
8:00~9:00	12	20	14	252	88	101	49	8	197	91	40	2	57	53
9:00~10:00	-51	-6	-45	1239	154	113	0	39	122	-75	-78	-52	11	-3
10:00~11:00	-83	-65	-76	1758	-157	-21	-74	3	-21	-37	-55	11	-59	-42
13:00~14:00	11	-44	37	835	89	167	-10	37	209	70	0		57	53
14:00~15:00	-1	11	-140	810	137	166	11	-50	98	-81	50		201	7
15:00~16:00	20	2	-66	-532	169	179	9	19	34	-43	8		33	18
16:00~17:00	19	5	0	-1756	-78	-40	-13	-22	-198	-98	-94		-52	-49
18:00~19:00						-28			-124		10		-47	-47

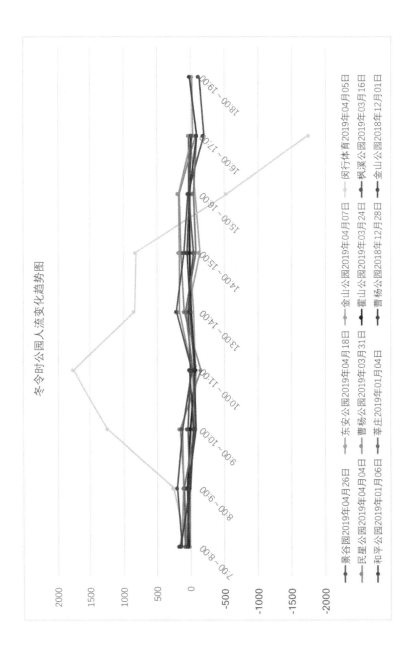

图 5.3-23 冬令时各公园人流变化趋势图

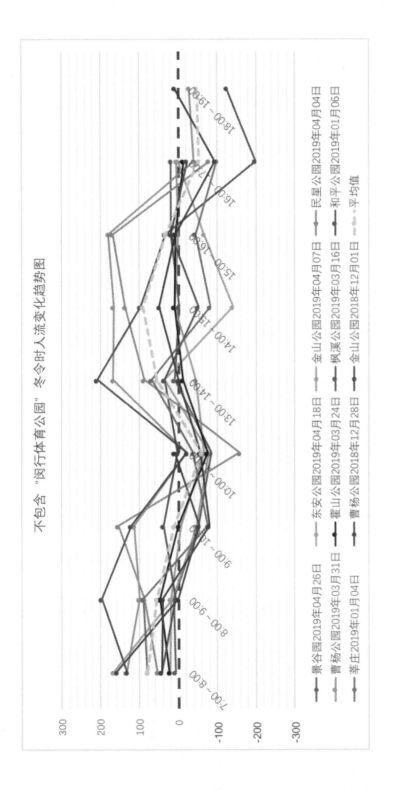

图 5.3-24 不包含 "闵行体育公园" 数据的冬令时各公园人流变化趋势图

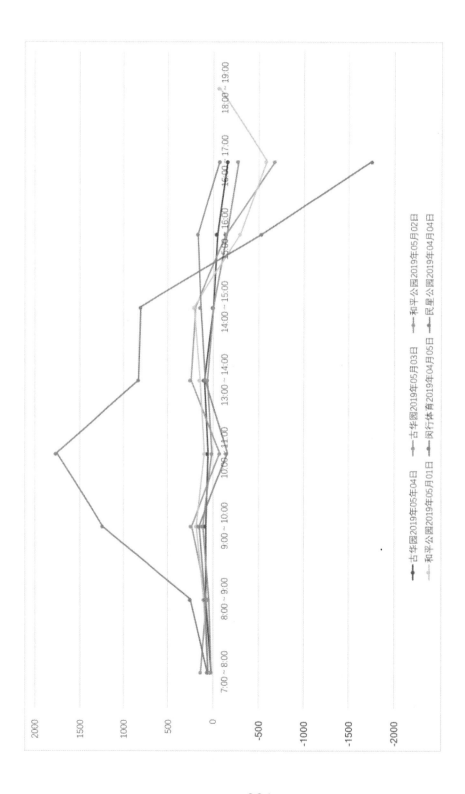

图 5.3-25 假日公园调研数据比较

第六章 城市公园有机秩序研究的主要工具

在城市公园有机秩序研究的过程中，研究人员发现，现有的研究工具或量表会存在很多的限制，并不能完全适用于城市公园的空间——行为的研究，例如针对空间行为记录的无人机快照会被浓密的树木遮挡视线，GPS 定位器的精准性不足以精确表明具体的空间位置且无法记录具体行为，公园中的监控在夜间的画质清晰度较低使得软件无法准确识别空间中的人数和具体行为等。因此经过反复尝试和比较后，研究人员设计总结了一套适用于公园空间的研究量表及方法，并在本章节详细介绍了量表的设计过程及使用原理。

6.1 小群体活动有机形态记录表及研究实践

活动的有机形态，是指在空间中同类活动小群在活动时，小群的活动个体构建的边界所形成的形状，是对活动存在的整体样貌、状态感知性的描述。

空间中的小群活动，在人对空间认知的基础上，结合活动需求，人为地将空间进行尺度、形态的重新建构，活动的有机形态可以看作是活动人群对所处空间的共同认知。本小节从微观有机秩序层面出发，研究自然状态下小群活动的有机形态与设计师规划的空间形态间的关系，透过对人群活动具体现象的研究，梳理城市公园中小群活动的行为空间特征，同时基于小群活动的内容、特征从活动的有机形态对小群活动进行分类，为后续分时空间行为注记调研的展开奠定基础。

6.1.1 小群体活动有机形态记录表设计

1. 行为空间特征初步分类

空间行为研究相关文献中，针对微观层面的行为研究中"小群生态"概念的提出，最早追溯到 1951 年 John James 对两座城市中的 7405 人及 1458 个小群进行统计观察，从小群的人数上进行客观的统计分析。李道增[52] 在他的《空间行为学概论》一书中表示了空间特性适合小群活动，大小与人密度合适，空间能留得住人时，空间就很有生气感。姚如娟[169]、陈刚的"空间活力场"的相关理论强调了空间中小集团组织的作用性，"小集团组织和适合这种组织结构的空间形态共同形成一个相互渗透的整体，每一个小集团就是自成一体的空间场。"由此可见，小群生态是空间中活力重要的激发因素。

前文 5.3.1 节中问卷调查结果显示，有超过 64% 的游客为结伴到公园活动。其中有 37.75% 的人是与朋友一同前来，80.95% 的人选择 2~3 人同行。由此可见，公园中的小群活动人群占多数，且常以2~3人的朋友间相约同行为主要构成方式。

基于上述理论及前期调查问卷中关于"同行人数"的统计结果，本研究中将空间行为初步分为个体活动和小群活动两种类型。其中个体活动是指公园中的个体（或是一个大人独自带孩子且不与他人发生交往行为）在公园中进行的单独活动，并且不与其他个体间发生交往关系，为"自发性活动"或"必要性活动"[45]。城市公园中的小群活动指的是公园中"社会性活动"。在上述"个人——小群"的活动初步分类基础上，本小节将通过小群活动有机形态的聚类研究，着重探索小群活动的分类方式。

2. 小群活动有机形态记录表设计

活动的有机形态，就是具有相同活动内容的人群在空间中自由活动时所形成的位置分布特征。图 6.1-1 中的深色虚线标记了小群活动的有机形态。在研究初期，为了更清晰采集小群活动的有机形态，研究小组采取了多种测量及记录方式，并进行实践应用，最终确认了技术路径及测量用的记录表。然后，根据所确认的技术路径，进行大样本采集工作，在被抽样公园中，采集了 268 个小群活动所在空间边界的形态（简称"边界形态" 图 6.1-1 深色实线部分）及活动的有机形态。最后根据样本数据，统计并整理归纳出城市公园中小群活动所在空间边界形态与活动有机形态间的关系，探索人群活动的行为空间特征。

图 6.1-1 实际调研与计量表内容对照（作者自摄）

（1）预调研阶段记录表设计

在预调研阶段，为了更清晰地获取被观察对象的活动内容、使用设施情况、来园频率、随身携带物品、活动群体的男女比例、活动所在的位置情况等基本信息，以及记录活动的时间、边界形状、边界尺度、活动位置分布、活动有机尺度、有机形态、活动与边界间的间距等空间活动分布数据，将小群活动有机形态记录表设计为两部分：活动相关基本属性信息表（图 6.1-2）和空间行为记录表（图 6.1-3）。活动相关属性信息表主要记录活动人群的基本属性。如年龄、性别、活动人数等；相关天气情况；活动人群随时携带的物品；活动频率等。空间行为记录表主要是为了记录人们在公园中活动的主要位置、活动内容、活动前的行为、使用设施的情况等。

（2）小群活动有机形态记录表初步设计

最初设计的如图 6.1-2 所示的空间行为记录表中的所有记录内容均为文字描述的方式进行，专家评估提出，该类型的记录方式不利于后期统计分析，且记录表仅对空间中的活动行为及地理位置有一定的记录，对于活动形成的有机形态及有机尺度无法作量化调研，需进一步改进。经反复推敲“小群活动内容与活动有机形态间的秩序关系”这一研究目的的逻辑内涵，最终确立了空间中的小群行为计量表中所需包含的研究对象为：小群活动内容描述、活动所在公园中位置标记、活动所用设施使用情况、小群活动有机形态描绘、活动所在边界形态记录、活动与所在空间的位置关系、旁观人群的分布情况。根据上述需求重新制定了调研内容记录更为详尽的“活动相关基本属性信息量表”与“空间行为有机尺度量表”两份记录表，并作了初次实践测试。

空间使用情况观察记录量表

观察对象编号：NO. ______

观察对象	其他信息	记录人
年龄：	记录日期：	学号：
性别：	天气：	姓名：
随身物品：	观察总时段：　　至	联系电话：

时间	地理位置 / 移动路线（地图标注）	活动前准备工作	活动行为描述	活动中的特殊行为	所用设施	活动参与总人数	备注
例：[illegible]	地理位置标记：[illegible] 移动路线标记：[illegible]	[illegible]	[illegible]	[illegible]	公共：[illegible] 自备：[illegible]	2人	[illegible]

时间	地理位置 / 移动路线（地图标注）	活动前准备工作	活动行为描述	活动中的特殊行为	所用设施	活动参与总人数	备注
至	地理位置： 移动路线：				公共： 自备：		
至	地理位置： 移动路线：				公共： 自备：		

图 6.1-2 空间行为记录表

（3） 测试后的量表改进

经过预调研的测试后，发现“活动相关基本属性信息量表”中部分信息与“空间行为有机尺度量表”中重复，且填写“空间行为有机尺度量表”更为耗费人力，因此不能由同一测试人员独立完成。“活动相关基本属性信息量表”中的“天气、温度、地理位置信息”可以由网络直接查询获得，不需要调研人员现场采集，而“活动人数、人群年龄、活动时间段、交通方式、来园频率”的信息采集可以用人们更为熟悉的问卷方式填写，以提高采集效率。

“空间行为有机尺度量表”中，“活动内容”可以先用文字描述，后期经归纳可总结分类处理；“活动所在公园中位置”一项可以直接在公园地图上用序号进行标记；“活动设施使用情况”需事先对设施进行归纳编号，以便后期分析统计；“小群有机形态描绘”可先用无人机航拍后，在电脑上根据照片绘制形成；"活动所在空间形态"依据公园地图及活动位置，结合航拍照片后绘制形成；"活动与所在空间的位置关系"可转化为活动与边界间的有机尺度测量；"旁观人群分布"可转化为活动与旁观人群的有机尺度测量及位置标记。

最终，将"活动相关基本属性信息量表"中的部分内容转化为问卷形式，并删除与空间行为有机尺度量表中重复的内容，在每次调研前从网络上直接获取"天气、温度、空气质量"的相关信息。为了更准确地描述研究内容，将"空间行为有机尺度量表"更名为"小群活动有机形态记录表"，并增加每页表底部"公园所提供设施"项，供研究人员参考记录设施编号。同时该量表主要是以绘图及有机尺度标记的方式记录空间中的小群活动有机形态的主要情况，图 6.1-3 是小群活动有机形态记录表示例，其中，从左起第 4~8、10 列信息内容均以绘图方式记录。

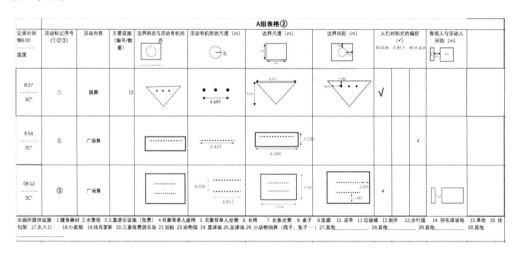

图 6.1-3 小群活动有机形态记录表记录示例

6.1.2 小群体活动有机形态研究的实施

1. 规范记录方式

对于小群空间行为的观察记录，由研究员根据实地观测情况，用 Bosch 激光测距仪测量活动人群的边界距离。如图 6.1-1 所示，浅色虚线部分表示所测小群活动有机尺度的 X、Y 值，X 值为调查人员面对活动人群背面时队伍的宽度尺寸，若队伍如图中呈前窄后宽状态时，则取最宽处测量；Y 值为活动小群队伍的长度尺寸，若队伍呈左短右长时，则取最长处尺寸为 Y 值；边界间距指的是队伍与活动所在场地中的边界间的间距尺寸，若如图 6.1-1 中，仅在队伍左右两边存在边界限制，则取最小的边界间距作为此项有机尺度测量结果。如果队伍没有明显方向性（如环形排列），调研员可选定活动有机形态最大尺寸横截面方向作为 X 值的测量方向，与 X 值垂直方向作为 Y 值测量方向。

图 6.1-1 中深色实线部分表示边界空间的形态，红色虚线表示活动形状（即活动所产生的边界形状），红色的点标记了个体所在活动形状的位置。被调研小群人数不多的情况下，研究人员需尽量以圆点方式记录个体活动位置，同时测量活动空间尺度；若被调研小群人数较多难以数清时，调研人员可以虚线方式描绘出小群人群活动边界形状并填入表格中，为了区分旁观人群和活动人群，记录时表格中的旁观人群用"叉"的符号表示。例如，表 6.1-1 为广场舞有机形态活动统计结果，实线为活动所在区域的物理边界（台阶、花坛边缘、道路分界线等），圆点表示活动小群中的个体，当个体人数较多时则用虚线描绘活动的边界，表 6.1-2 中"小叉"的图例 6 ～ 10 标记的是旁观演出的人的位置，一个叉表示一个人。

2. 航拍及快照法辅助

在实地调研操作过程中发现，用航拍法在公园中作人群活动快照记录的可行性较低，主要是公园的环境特征及国家的管理政策两方面造成的。首先是公园的环境特征方面，由于园中有密集的树木种植，空中俯拍时，会遮挡住人们的活动状态（图 6.1-4），而小群活动的人群多数喜欢在树荫下进行锻炼，俯拍很多时候难以成功捕捉活动全貌。其次，国家在《民用无人机空中交通管理办法》

中规定了部分民航客机起降区域内的禁飞范围及限高区域，而部分被抽样公园所在区域受此管理办法的限制。如：莘庄公园、闵行体育公园为禁飞区；除枫溪公园、金山公园、古华园外，其他公园都限制飞行高度在120米内。基于上述各方面考虑，最终，研究小组决定在限高地区采用低空飞行结合相机拍摄的方式进行快照记录，在禁飞区中，仅采用相机进行拍照记录。

图 6.1-4 霍山公园航拍时被树木挡住的活动（作者自摄）

6.1.3 上海城市公园中小群体活动有机形态研究结果

本次小群活动的采集样本总数为268个，包含了66个太极、武术行为；27个健身操；29个交谊舞；49个广场舞；15个羽毛球；3组踢键子；16组喝茶、聊天；26组打牌、下棋；10组演奏、演唱；7组搭帐篷、野餐；4组带孩子玩；3组合唱；3组练习乐器；1组写毛笔字；1组健身器运动；1组钓鱼；1组放风筝；2组打篮球和4组个人其他活动。通过活动形态的聚类分析，最终得到了下述6类小群活动的有机形态。

1. 队列类

经研究发现，太极、健身操、广场舞为公园中最为常见的几种活动。被抽样的活动中，约有 24.6% 为太极、武术类小群体，18.28% 为广场舞小群体，10.07% 为做操类小群体，共占总抽样样本数的 52.95%。据观察，这三类小群体在活动有机形态上有着共同的特征。

整齐排列、几何形是这类小群活动有机形态的主要特征。表 6.1-1 为广场舞小群活动有机形态统计结果，其他队列类活动有机形态统计结果见附录三。通过观察不难发现，这类小群体在活动时，都会以一排排的方式整齐排列，并且根据活动场地的有机形态形成一定的队形形态，这种情况在小尺度广场中最为常见。如广场舞活动有机形态表中序号 11、12、13、38、42、48 的图例所示。当队形的边缘靠近场地边界时，队形的有机形态便基本与活动所在空间的边界形态（下文简称"边界形态"）保持一致，这种情况在大尺度广场中表现尤为明显，如广场舞活动有机形态表序号为 1、2、4、17、19、21、31、33、35、44 等图例中的情况，人们会在大尺度广场或空地中选择一处边界作为活动边界的依据，然后向外扩散形成与有机形态一致的队形形态，不靠近边界的另一边基本保持直线状态。当队形的边界远离活动场地边界时，小群互动的有机形态基本以整齐的直线为主，广场舞活动有机形态图例 3、25、29、43、47、49 中可以明显看出这一特征。即使部分空间并非完整平坦的空地广场，存在少量障碍物，如花坛、小体积设施、座椅、树等，但这类活动的形态特征基本保持不变，人们会依据队形主动绕开障碍物后继续延续队形呈扩散状，并依旧保持上述与空间边界之间的形态特征。如广场舞活动图例 18、20、21、30、31 等活动，都是人们绕开这些"障碍物"后形成的队形（实线圆圈标记了障碍物位置）。

表 6.1-1 广场舞小群活动有机形态统计

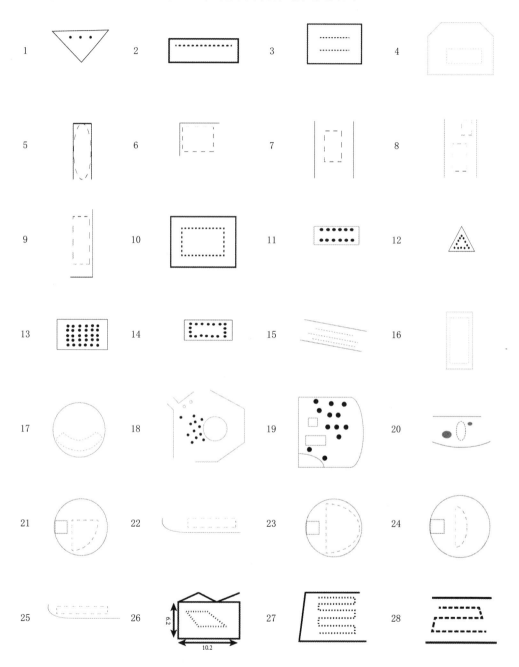

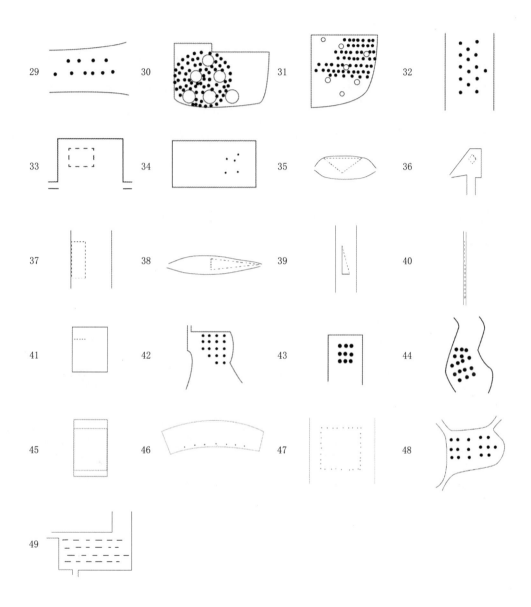

2. 领域内集中

表 6.1-2 为演奏、演唱、合唱、练习乐器、跳交谊舞等小群活动有机形态统计结果，图示中当小群人数过多时用虚线表示活动位置，当人数可以计量时，用实心圆点表示人所在位置，一个点标记一个人，实线为区域硬质边界（花坛、

道路路沿、围栏等），小叉表示旁观人群位置，一个叉标记一个旁观者。由统计结果可以看出，这类活动有机形态多数呈中心聚集扩散至边界处，当演唱人数较多时观众较少，但小群本身就会形成区域内集中形态，当表演者人数较少（如编号为 6 ~ 10 号活动），周围观众会以表演者为中心、边界形状为形态，呈中心聚集向外扩散状态。当领域空间不足以容纳小群人的活动时，部分活动有机形态会超出边界线，编号 4、10 所对应的实际情况为图 6.1-5、6.1-6 所示，人们为了满足活动需要，超出原本的硬质边界范围。跳交谊舞的人们会在一定的区域内绕着圈转动着跳，同时吸引路人驻足观看，也会有观看人群超出硬质边界的现象出现。

表 6.1-2 演奏、演唱、合唱、跳交谊舞、练习乐器小群活动有机形态统计

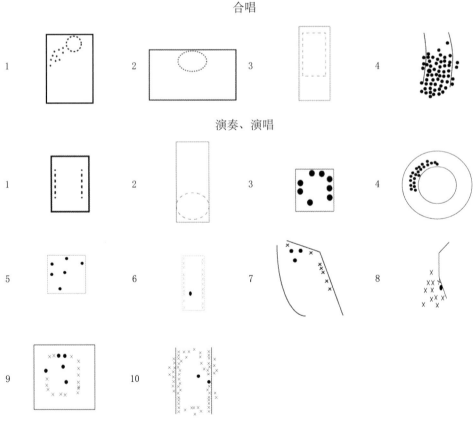

跳交谊舞

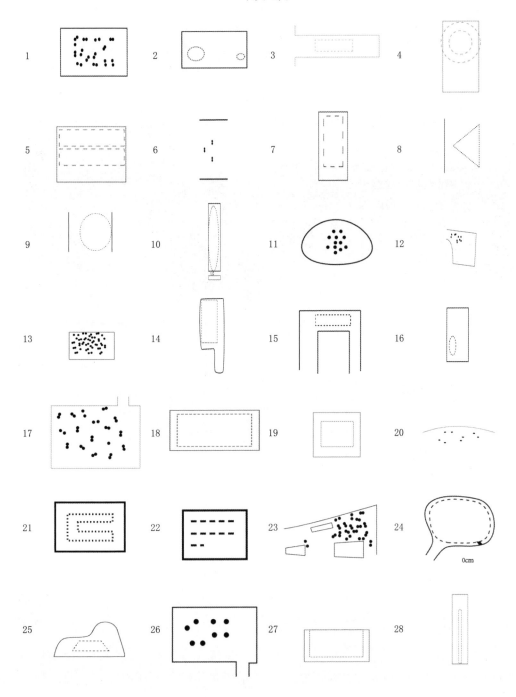

练习乐器

图 6.1-5 曹杨公园合唱小群，练习者呈聚集状，从中心往外扩散，超出空间边界（作者自摄）

图 6.1-6 和平公园音乐演奏观众从长廊两侧一直延伸到外侧（作者自摄）

3. 领域内移动

在一定区域范围内移动是这类小群体活动有机形态的主要特征。这类活动通常会在一个固定的活动区域内根据活动内容而移动。如表 6.1-3 中统计结果所示，打羽毛球的人会来回跑动，但是不会超出双方默认指定的边界线；写毛笔字的人一般会在一块固定的区域内边移动边在地上写，待地上的水迹干了后又会回到最初的地方开始新的练习；踢毽子的人会围成一个圈在一定区域内进行，和打羽毛球的情形较类似。

技术最优者一般为这类群体中的核心人物。这些"核心人物"是活动设施或装备（如羽毛球拍、毛笔等）的主要携带及提供者。踢毽子、打羽毛球、练毛笔字等活动都需要一定的技能水平。因此小群体中技能水平高的人便成为团体中的核心人物。他们或互相学习探讨，或承担一定的技能指导工作，帮助同伴在技能上进步。这是小群得以延续发展的关键所在。

参与的人数较少且无边界（包括柔性边界）时领域性就 [52] 弱，参与人数较多且有边界时领域性就强。经观察后发现，这类活动有些表现出较强的领域性，场地为活动者长期固定使用，例如踢毽子编号为 2 的小群活动。有些则会不断更换场地或无法长期持续活动，如踢毽子编号 3、打羽毛球编号为 3 的活动。经现场访谈，活动者表明有些场地是属于"其他小团体"的，不能长期使用，"他们来了就要让他们"，也有的是因日照太强烈等原因造成，而其中该场地"属于其他团体"这类观点的形成，多数是遵循了"他们人更多"或"先来后到"等原则。

表 6.1-3 跳交谊舞、写毛笔字、踢毽子、打羽毛球小群体活动有机形态统计

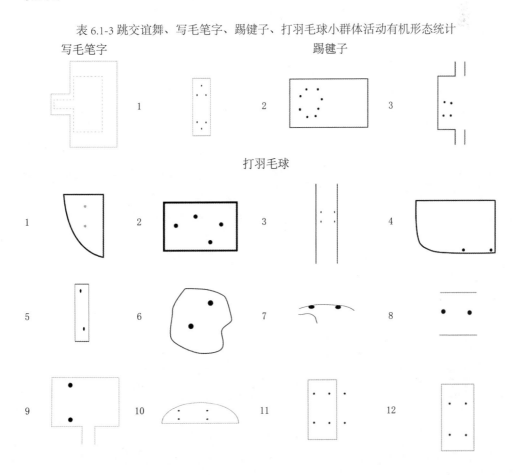

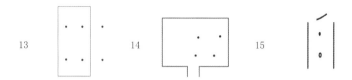

4. 领域内聚集

领域内聚集的活动人群通常无人组织，主要由设施的供给情况吸引人群聚集。例如：搭帐篷、打篮球、健身器运动、带孩子玩这类活动需要一定的设施才能进行，人们通常会在有设施提供的区域内环绕设施聚集，活动的领域边界基本与区域的边界一致，根据不同的活动内容和需求在领域内呈现不同的活动位置分布。如搭帐篷一般都在开放的草坪树荫下（图6.1-7）；健身器材区域通常会吸引人们聚集（图6.1-8），不同的人根据自身喜好选择不同的健身器进行锻炼，往往环绕分布在健身器材周围；篮球场和儿童游乐设施在不下雨的时候会聚集较高的人气（图6.1-9）；设施所在区域分为休息区和活动区两部分，区域间有一定距离并不超过设施所在边界。人们因活动空间和设施而聚集，彼此间可能并不相识，仅在活动时产生少量交流，活动结束后也可能没有交往。因为设施和人的存在会不断吸引新人，当人群越聚越多，并自然地形成一定时间规律时，小群效应会越发显著，人们的交流频率也会增加。

图6.1-8 曲阳公园健身器旁聚集的人们（左）、古华园健身器旁聚集的人们（右）（作者自摄）

图 6.1-7 古华园（上）、闵行体育公园（下左）、黎安公园（下右）中搭帐篷的人们（作者自摄）

图 6.1-9 聚集人群的篮球场和儿童设施（作者自摄）

5. 领域内散点分布

表 6.1-4 是喝茶聊天、打牌下棋活动形态的统计结果。这类小群体是人们

因共同兴趣爱好而聚集形成的，属于自聚集型小群体。在这些小群体中，人们根据不同的需求形成一个个更小的群体（小组），他们三五成群，人与人之间有着密切的交往（表 6.1-4 喝茶聊天图例编号 3、9；打牌下棋图例编号 7~16、21~23）。这些小体群在一定的活动领域内呈散点分布（如喝茶聊天的 2、4、9 号；打牌下棋的 11、12、14、22 号）。小组间有时也会有一定的交流，成员也会在小组间来回流动。

表 6.1-4 喝茶聊天、打牌下棋活动形态的统计

喝茶聊天

打牌下棋

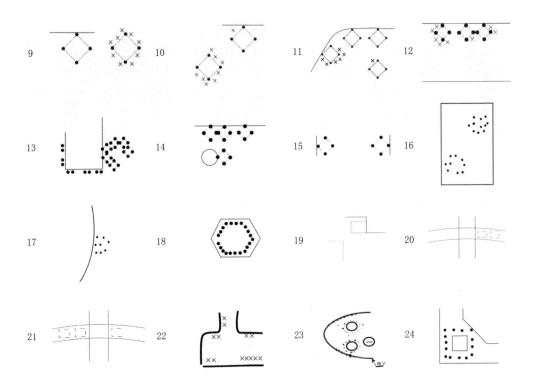

当活动参与人较少时领域性极弱，参与人数较多时形成一定的领域，但与队列类活动相比，这类活动容许路人进入及参与，旁观者有时也是活动的参与者。在对金山公园和莘庄公园的调研中发现，喝茶聊天的人群已经具备一定规模（图3.1-21），他们在固定地方聚集，并且每天都会进行活动，有时公园其他活动的常客和路人也会参与其中。相较于前者，和平公园和古华园中喝茶聊天的人并没有固定活动的区域，他们分散在公园各个角落，同样带着茶杯水壶，却没有形成明显的小群（图6.1-10、图6.1-11）。

图 6.1-10 和平公园喝茶聊天的人们在路边的　　　图 6.1-11 古华园喝茶聊天的人们在路边的
长椅边聚集 (作者自摄)　　　　　　　　　花坛边聚集 (作者自摄)

6. 沿场地边界散点分布

钓鱼、放风筝这两种活动属于无组织自聚型，这两类活动因条件限制，人们通常会沿着场地边界线散点分布，见表 6.1-5。

表 6.1-5 沿场地边界散点分布的活动

钓鱼　　　　　　　　　　　　　　　　放风筝

6.2 分时空间行为注记地图应用实践

本小节在空间活动的有机形态统计及公园中活动人群进行类型分析的基础上，将城市公园中空间行为类别及活动的时间层段，应用于由威廉·伊特尔森(William.H.Ittelson)"行为标记法"发展而来的"行为注记法"，得到了"分时空间行为注记法"。在研究中选择上海为研究范围，将"分时空间行为注记法"应用于不同季节、不同时间段、不同公园中展开大量调研。文中主要叙述了分时空间行为注记地图的设计改进过程、行为注记地图的记录方式、方案的实施及最终得到的调研结果。

6.2.1 分时空间行为注记地图设计

1. 行为注记法的应用及改进

在公园的调研中，引入孙良[253]、刘李[254]等人的行为注记法。该方法是基于威廉·伊特尔森的"行为标记法"发展而来的，主要是通过在地图对应位置中直接标记人群活动内容而进行空间行为记录。基于空间行为预研究时设计的定点行为观察量表应用测试结果，保留量表中使用行为的表述方法，即表6.2-1"使用行为"一栏，用中文拼音首字母缩写表述人群的活动内容。相较于刘李[254]等人在重庆沙坪、鹅岭公园调研中使用的手绘图标式标注法，此描述方法有利于研究人员快速熟悉和记忆，便于在行走式记录的调研过程中快速记录活动现场的人群状态。同时结合行为注记法，直接在地图上以小点的方式标注人群活动位置和参与活动的访客数量。在人流量较大的公园中进行观测注记时，其误差不可避免，根据 T.Grajewski 等对空间观测的实验[255]，这些误差并不会对观测结果存在很大影响，因此本文不再对观测法的可信度问题作展开论证。

表 6.2-1 行为字母标示方法

使用行为（标记符号以汉语拼音首字母为开头字母，例如：坐 = Z1、站 = Z2、聊天 = LT）：

含义	符号	含义	符号	含义	符号	含义	符号	含义	符号
坐	Z1	聊天	LT	玩乐	WL	跑步	PB	洗手	XS
站	Z2	休息	XX	游戏	YX	散步	SB	如厕	RC
躺	T1	旁观	PG	放风筝	FFZ	戏水	XS	排队	PD
跳	T2	睡觉	SJ	织毛衣	ZMY	拍照	PZ	围观	WG
蹲	D1	放包	FB	赏景	SJ	钓鱼	DY		
踏脚	TJ	乘凉	CL	野餐	YC	打牌	DP		
斜靠（翘脚）	XK			露营	LY	下棋	XQ		

经过该轮量表应用测试发现，由于人群在公园中的活动随时间推移产生相应的变化，在一张地图上进行行为注记并不能体现游客行为在时间维度上变化，因此，需要在原有量表的基础上作进一步的改进。

2. 行为注记地图的分时记录方式

根据前文 5.3.2 节分时人流量统计结果，调研过程中研究人员将量表进行分时段记录。根据研究员的步行记录速度、公园人群活动的时间规律，分时段对公园各处的活动进行注记。同时结合前期研究期间的工作效率、可行性等方面的经验，最终制定分时空间行为注记地图。

根据前文关于公园游客逗留时长——人数统计结果，在上午时段，有超过 1/3 的人选择在公园逗留 1~2 小时，且进入公园后仅停留半小时的人极少，多数人都会停留超过 1 小时。下午时段中，选择停留 2~2.5 小时及 3 小时以上的游客分别占夏令时的 44.4% 和冬令时的 40.7%。由此可以得出：公园中的活动在上午时段更替频繁，基本在 1~2 小时间更替一次，到下午时，公园空间活动节奏相对变慢，基本维持在 2~3 小时更替一次。

据 5.3.2 节分时人流量统计结果，公园访客中，晨练类活动集中在早上 6:00~9:00 时段，且根据场地资源的紧张程度不同，同一场地活动轮换的频率也不同，但基本活动延续时长都在 1~1.5 小时。对于面积在 7 公顷以内的公园，研究人员记录一圈的时间大致也是 1 小时。因此将早上时段按每 1 小时进行一次公园中的空间活动。到下午时段，人们进出公园的频率逐步降低，且逗留时间基本维持在 1.5~2 小时或 3 小时以上，相对上午时段更长，结合 5.3.1 节问卷调研的结果，因此下午时段从 13:00 开始变为 2 小时记录一次公园中的空间活动。对于面积较大的公园（7 公顷以上），综合考虑空间行为变化频率、人流量变化及调研资源限制条件等多方面因素，上午时段的行为记录变为 2 小时一次，下午不变。

3．分时空间行为注记地图设计

最终"分时空间行为注记地图"的示例如图 6.2-1 所示。其中顶部第一行为研究对象及工作人员信息填写，第二行为时间的选择，即对调研时段的记录，基于上述的逻辑推理结果，时间的间隔分为上午、下午两部分，上午时段由早上 7:30 开始，时间间隔为 1 小时，下午时段由 13:00 开始，间隔时间为 2 小时。工作人员需在规定的间隔时间内完成整个规定调研区域全部活动的记录，记录方式为边行走边记录，以小圆点标示人的位置，并在圆点旁边以缩写字母（表 4.3-1）记录人们的活动内容。如果被记录对象处于移动行走的状态，则以圆点加上箭头表示移动方向。

对于面积较大的公园，1 小时内研究人员无法走完全程，采用将公园切块分片区、分组同时调研的方式进行。实际操作过程中，我们发现，一般一位研究人员 1 小时基本能覆盖面积为 6~7 公顷的实地公园面积（不包括湖泊），因此在例如和平公园（包含人工湖占地面积为 16.34 公顷）及古华园之类的大于 7 公顷的公园调研中，我们用分片区同时记录的方式进行分时空间行为注记。

4．分时空间行为注记的科学性验证

分时的合理性也在后期的问卷调研结果中得到了有效的验证。据前文 5.3.1

节中游客在公园内逗留时长——人数统计结果显示，夏令时上午、冬令时上午人们在公园中更愿意逗留的时长分别在 1~1.5 小时和 1.5~2 小时之间；下午时段中，人们逗留时间更久基本在 2~2.5 小时或 3 小时以上。可见，上午活动的变化节奏更快，基本在 1~1.5 小时左右就会产生一定变化，而下午变化节奏较慢，分时调研基本安排在 2~2.5 小时之间切换一次更为合理。综上所述，城市公园中分时空间行为注记的记录频率上午时段为每 1 小时记录一次，而下午为每 2 小时记录一次，最终形成了图 4.3-1 所示的分时段在地图中进行行为标示的记录形式。

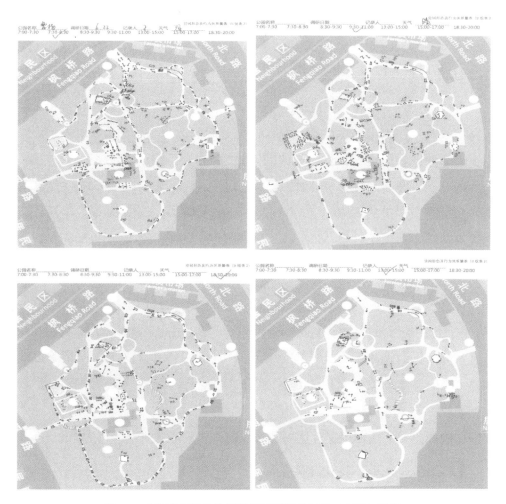

图 6.2-1 分时空间行为注记地图田野调查记录（实地）示例

6.2.2 分时空间行为注记法研究的实施

1. 方案的实施

本小节对分时空间行为的记录包含上海的 5 个微型公园、5 个小型公园和 4 个中、大型公园，调研工作安排于周六、周日、周一展开，并选择冬季、春季及初夏三个季节作为主要调研时间段，从 2018 年 12 月至 2019 年 6 月，共 13 个工作日及 11 个节假日，其中包含了 2 次雨天及一次下雪的特殊天气，共计 264 小时的实地观察，得到 120 份分时空间行为地图的相关数据，每份空间行为地图详细记录了个体在公园中活动的具体位置、内容及活动所属类别，用于后续的比较研究。

根据前文 5.2.3 节的抽样结果及最终的调研时间安排，展开大样本量的田野调查。

2. 基于空间行为分类的注记标示

刘李[254]、顾至欣[256]及吴昊雯[257]等研究者在行为注记时将空间行为按照"动""静"两种不同运动方式进行分类，为的是发掘不同活动者在空间中的分布特性，这种动静二分的行为标注法虽然可以看出活动的空间分布及静态、动态活动与建筑间的关系，却很难通过活动标示观测出这些行为之间的内在联系。因此"动""静"二分的行为注记并不适用于行为空间特征的梳理。

表 6.2-2 三种活动分类的标示图示

活动分类	标示图示
有组织小群活动	▲
自聚集小群活动	✖
个体活动	●

表 6.2-3 各类活动标示

自聚集小群活动						个人活动					
活动	标记	缩写	活动	标记	缩写	活动	标记	缩写	活动	标记	缩写
走圈	✖	ZQ	动物园参观	✖	DWY	钓鱼	●	DY	散步	●	SB
喝茶吹牛	✖	HC	吹乐器	✖	CYQ	吹乐器	●	CYQ	画画	●	HH
遛鸟	✖	LN	喂鱼	✖	WY	踢足球	●	TZQ	休息	●	XX
滑板/溜冰	✖	HB	旁观	✖	PG	带孩子玩	●	DHZW	锻炼	●	DL
带孩子玩	✖	DHZW	搭帐篷	✖	DZP	休闲(度假)	●	DJ	唱歌	●	CG
放风筝	✖	FFZ	钓鱼	✖	DY	钓鱼	●	DY	太极	●	TJ
走圈	✖	ZQ	聊天	✖	LT	跑步	●	PB	吹乐器	●	CYQ
溜冰	✖	LB	健身器材	✖	JS	独自走圈	●	ZQ	带孩子溜达	●	DH
锻炼	✖	DL				拍照	●	PZ	看报刊栏	●	KB

有组织小群活动					
活动	标记	缩写	活动	标记	缩写
结伴走圈	▲	ZQ	下棋	▲	XQ
舞扇	▲	WS	跳广场舞	▲	GCW
合唱	▲	HC	做操	▲	ZC
太极	▲	TJ	交谊舞	▲	JYW
打牌	▲	DP	打篮球	▲	DLQ
舞剑	▲	WJ	打羽毛球	▲	YMQ
唱戏	▲	CX	踢足球	▲	TZQ
演奏演唱	▲	YC	毛笔字(地上)	▲	MBZ
公司活动	▲	GS	放风筝	▲	FFZ
结伴闲逛散步	▲	SB	甩鞭子	▲	SBZ
			武术	▲	WS

　　本研究基于 5.3.3 节中空间行为特征的分类方式，在行为注记地图统计时，对不同的小群类型用不同的颜色符号表示，最终分为如表 6.2-2 所示"有组织小群活动""自聚集小群活动""个体活动"的主要标示。为了能清晰辨认，有组织和自聚集小群活动分别标示为黑色三角形和浅灰色叉形，个体活动标示为灰色圆形。根据不同活动内容，将代表活动内容的缩写字母（表 6.2-1）放入各图形标示中，最终如表 6.2-3 所示。

6.2.3 上海城市公园分时空间行为注记结果

本小节对分时空间行为的记录包含 5 个微型公园、5 个小型公园和 4 个中、大型公园，调研工作安排于周六、周日、周一展开，并选择冬季、春季及初夏三个季节作为主要调研时间段，从 2018 年 12 月至 2019 年 6 月，共 13 个工作日及 11 个节假日，其中包含了 2 次雨天及一次下雪的特殊天气，共计 264 小时的实地观察，得到 120 份分时空间行为地图的相关数据，每份空间行为地图详细记录了个体在公园中活动的具体位置、内容及活动所属类别，比较研究结果如下。

1. 不同时段公园空间行为的阶段性演变

分时空间行为注记结果显示，城市公园中的空间行为虽是动态变化的，但是在某一时段内相对固定，呈某种统一的模式存在，且这种模式会持续一段时间，当到达下一个时段时，空间行为的模式会发生变化，因此呈展现出空间行为的分时段演变现象，且同一类型的公园，空间行为随着时间变化的演变规律基本相似。

图 6.2-2 和图 6.2-3 分别是上海市的霍山公园和曹杨公园不同时段相似空间（小型广场空地、公园凉亭）的分时行为注记录结果比较示例，图 6.2-4 是两个公园中所提取用于比较分析的空间在地图上的位置标示。从注记结果可以看出，在同一公园的同一空间中，不同时段所表现出的空间行为发生了阶段性演变，从原本的有组织小群，逐步演变为自组织小群和个人行为。经比较研究发现，不同公园、相同时间段在同一类型空间中所表现出的空间行为具有相似特征，且此类空间——行为特征在其他公园中都有一定的体现。

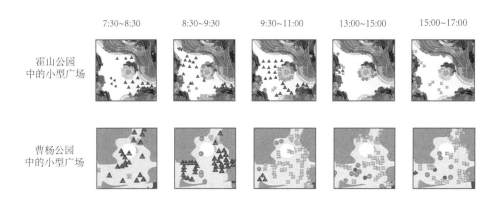

图 6.2-2 霍山公园和曹杨公园不同时段，小型广场分时行为注记录结果比较

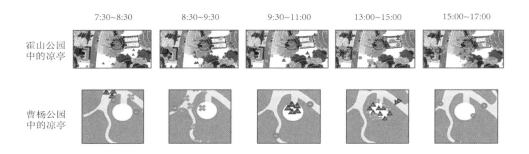

图 6.2-3 霍山公园和曹杨公园不同时段，公园凉亭分时行为注记录结果比较

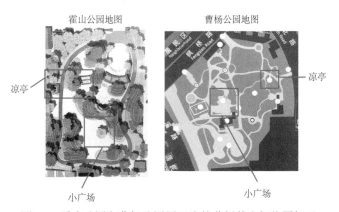

图 6.2-4 霍山公园和曹杨公园用于比较分析的空间位置标示

2. 不同季节公园空间行为的差异性演变

图 6.2-5~ 图 6.2-7 分别是和平公园主入口处广场、内部广场、凉亭处空间行为的冬令、夏令时段的对照比较，通过直接观察，我们不难发现，在同一时段的同一空间中，冬令季与夏令季的空间——行为既存在一定的一致性，又存在部分的差异性。其中，一致性体现在两个季节段在上午时空间行为的模式较为接近，都是以有组织小群为主的活动模式。差异性则主要体现在人流量及下午的空间行为模式方面。夏令时的空间活动量明显高于冬令时，这在 15:00~17:00 间尤为明显。

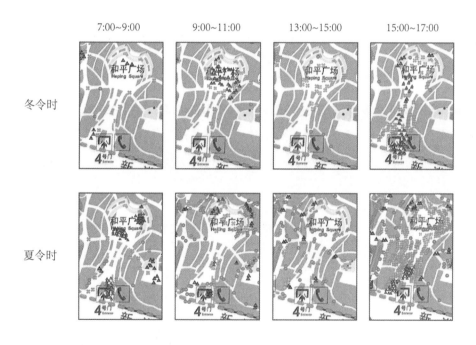

图 6.2-5 和平公园入口处广场冬夏令时段空间——行为注记结果

广场中，在上午时段,夏令时的空间活动类型及位置较冬令时没有太大区别，但活动人数却大幅上升；下午时段夏令时同一类型的活动的起始时间发生了改变，从原本的 13:00~17:00 演变为 15:00~17:00 之间。

| | 7:00~9:00 | 9:00~11:00 | 13:00~15:00 | 15:00~17:00 |

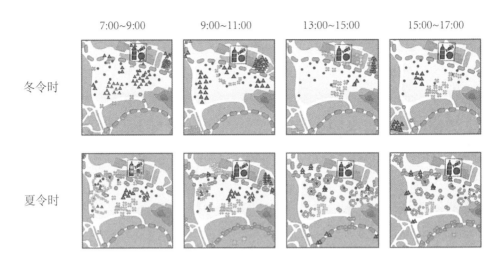

图 6.2-6 和平公园内部广场冬夏令时段空间——行为注记结果

凉亭处，同一类型的活动，夏令时段主要集中在 13:00~17:00 间，上午则几乎无人参与；而冬令时该类活动则从早上 7:00 一直持续到 15:00，这类变化可能是由于环境的舒适度及人们在不同季节活动的时间规律及生活习惯而引起的。

| | 7:00~9:00 | 9:00~11:00 | 13:00~15:00 | 15:00~17:00 |

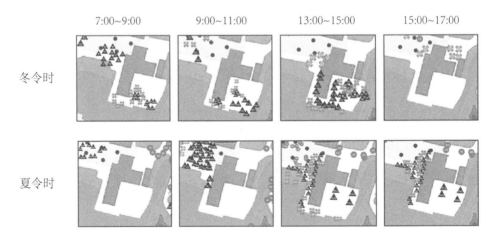

图 6.2-7 和平公园凉亭处冬夏令时段空间——行为注记结果

3. 上海城市公园中几种常见的空间 —— 行为基本构成形态

经比较分析发现，上海城市公园中的空间行为基本由以下四种形态构成，这些形态间进行组合叠加，从而形成了公园中空间——行为的各类特征，这四种基本构成形态包括：

（1）区域集中式（图 6.2-8）

空间中的活动以自组织小群为主，形成以活动小群为主体的"卫星型"分散于公园的各个区域。

和平公园　　霍山公园　　曹杨公园　　民星公园　　景谷园公园　　莘庄公园

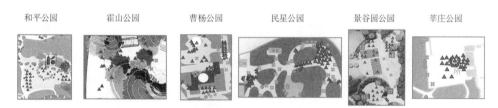

图 6.2 8 各公园空间行为的区域集中式形态

（2）集中区域外扩式（图 6.2-9）

该形态是在区域集中式的基础上，吸收了旁观人群，形成以活动小群为中心向外逐渐扩散的模式。

和平公园　　霍山公园　　曹杨公园　　民星公园　　景谷园公园　　莘庄公园

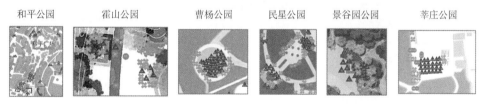

图 6.2-9 各公园空间行为的集中区域外扩式形态

（3）随机分散式（图 6.2-10）

这种形式通常是由空间中的个人及无组织自聚集小群构成，他们呈现出随机游离状态，散布于公园各处。

和平公园　　　霍山公园　　　曹杨公园　　　民星公园　　　景谷园公园　　　莘庄公园

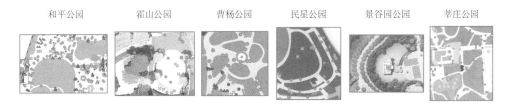

图 6.2-10 各公园空间行为的随机分散式形态

（4）边界环绕式（图 6.2-11）

主要是围绕公园外围步道进行走圈锻炼的人群的空间活动特征。

和平公园　　　　　　　　　霍山公园　　　　　　　　　曹杨公园

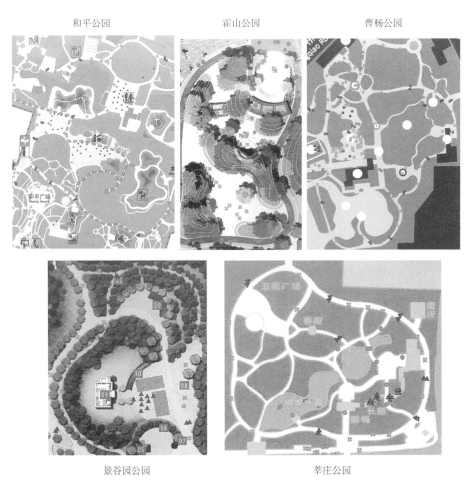

景谷园公园　　　　　　　　　　　　　莘庄公园

图 6.2-11 各公园空间行为的边界环绕式形态

4．不同类型公园外围步道空间一致的人流动向特征

公园中，上午 7:30~9:30 及晚上 18:30~20:30 时段，都有大量人群选择"走圈"的方式进行锻炼，这些人行走方向往往保持一致，且步行速度较快，在较为狭窄的步行道上形成了特定的人流动向，其方向性极为明确，若此时选择"逆流而行"，则较易与人流发生冲撞。经观察，选择走圈或者跑步锻炼的人们进入公园入口处后，多数选择向右转并沿着公园外围道路逆时针进行走圈活动，无论是假日型公园、综合型公园还是日常型公园，这种规律都非常明显，尤其对在夜晚进行走圈的行为观察时发现，几乎没有人是顺时针方向进行走圈的。图 6.2-12~ 图 6.2-14 分别是和平公园、曹杨公园和莘庄公园夜间走圈行为的注记结果。不难看出，夜间走圈行为多数为个人行为，有少部分人会选择结伴走圈，人流方向统一为逆时针方向。

图 6.2-12 和平公园 18:30~20:00 时段行为注记

 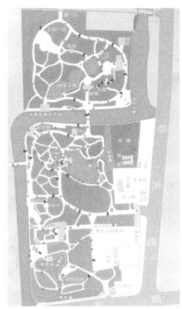

图 6.2-13 曹杨公园 18:30~20:00 时段　　　　图 6.2-14 莘庄公园 18:30~20:00 时段
　　　　　　行为注记　　　　　　　　　　　　　　　　行为注记

5. 不同类型小群活动的空间特征

环境行为学学者杨·盖尔[45]从空间领域性的角度把交往空间按私密性分为私密、半私密、半公共、公共四种类型。公园中的空间虽都属于公共空间范畴，但人们使用时的行为不同构成了空间的不同特征。例如，各种有软硬质边界围合形成的小型广场或空地（图 6.2-15）可以看作是领域性极强的"半私密空间"；"半公共空间"包括了道路、软硬质边界半围合的小型广场或空地；"公共空间"是指公园中的特大型广场，在这种广场上的活动多数靠近广场边缘展开，虽然广场本身也有硬质边界，但对使用者来说，边界距离很远，从主观感受上判断是没有边界的（图 6.2-16），来往人群都可以成为活动的主体，因此空间本身构成的领域性较弱。公园是开放场所，因此没有私密空间。

图 6.2-15 金山公园中的"半私密空间"
（作者自摄）

图 6.2-16 闵行体育公园中的"公共空间"
（作者自摄）

其中"半私密空间"中的常见活动有：合唱、乐器练习、喝茶聊天、打牌下棋等活动，这类活动通常喜欢在有树荫、有衣帽架、有座位或凉亭长廊等地方进行，可以容纳更多人参与，有一定隐蔽度要求，活动时不被打扰，保持清静的环境。

"半公共空间"中的常见活动包括演奏、演唱、羽毛球、交谊舞等活动，这类活动相对运动强度较大或户外停留时间较久，因此对于荫蔽度要求较高，且活动人群希望在尽可能创造独立空间的同时又具有一定的展示性，通常伴有大量观众参与。

做操、打太极拳、跳广场舞等队列类活动则更多地出现在"公共空间"中，其活动希望得到更多人参与及关注，同时又具备一定的柔性边界间隔以强调领域性，也是公园中最常见的空间特征。

6.3 ArcGIS 软件可达性分析实践

可达性最初由 Hansen 等提出并定义为交通网络中各节点相互作用机会大小，现一般被理解为人们到达某一目的地的能力[258][259]。目前，以 ARCGIS 为工具的路网分析方法是研究城市公园可达性的主要方法，其中包括最小临近距离法、缓冲区法、网络分析法、引力模型法、费用加权距离法等[260][261][262][263]。这些方法从不同角度反映了服务设施的空间可达性，但网络分析法需依赖于完备的道路网络数据，数据可获得性较差，缓冲区法没有考虑路网等现实情况对可达性的影响，最小临近距离法与缓冲区分析法相似，只考虑了人口分布因素，没有考虑路网、山体、河流等形象因素，这两种方法易高估城市公园绿地的可达性[264]，而引力模型法的模型较为复杂，且多无量纲，较难解释和直观判读[265]。费用加权距离法以对城市景观分类的栅格数据为基础，通过最短的路径搜索算法计算到达公园的累计阻力（时间、距离、费用等）来评价城市公园的可达性，成本低且处理难度较小，是目前普遍应用的可达性研究方法[266][267][268]。

目前的可达性研究多是以居住区面积作为研究对象，以居住区面积占比作为评判标准，该方法的不足是认为公园边界都为可进入点，而现实情况是城市公园并不是所有边界点都可进入，因而此方法易高估公园的可达性。为补充这一点，本小节以上海市虹口区为例，利用 ARCGIS 中的费用加权距离工具，以居住区出入口和公园出入口为研究对象，进行点对点的可达性测试，并计算人们在步行和骑行的交通模式下所用的不同时间成本，对结果进行比对分析，探索以 ARCGIS 为工具测算小区位置到公园大门点对点可达性的技术路径。最终根据三种不同方法的对比结果，选择最为合适的一种，对被抽样公园进行可达性分析。

6.3.1 基于网络爬虫软件获取地理位置数据

爬虫技术是一种按照一定规则自动抓取网络信息的程序或者脚本，可以按照程序设计指定的逻辑有效提取网页数据的一种技术，分为传统爬虫和聚焦爬虫两种。本研究中的可达性分析部分，需要用到上海市各辖区所有小区位置信息，但此信息没有公开的政府统计数据，且由于部分小区年代久远，小区命名情况较复杂，因此需要用爬虫技术获取网络上的现有小区位置信息。

1. 小区地理位置数据源的选取及比较

　　在我国，房产中介机构作为民间最为了解周边小区情况的企业，他们掌握着实体店网点周围小区的大量具体信息，包括小区地址、建筑年代、住户数量、房屋结构、售价等，选择网点覆盖率较高，用户数量较多的房产中介公司的官方网站作为采集小区位置及相关信息的数据源，其数据完整性及可信度都更为理想。各大房屋中介品牌在国内都有属于自己的免费官方网站，其信息内容也是实时更新的，因此，本例中选择百度搜索关键字"上海二手房"，并以搜索结果前3页中除广告链接外的前8位房产中介公司官网（如图6.3-1所示）数据作为数据源进行比较，其统计结果见表6.3-1，并选择数据量最大的前3名（高亮部分）作为数据采集对象，采集其"小区"板块下的各行政区所有小区搜索结果数据信息。视其中数据量最多的网站信息为信息最全的网站，可作为主要数据源进行数据采集。在统计过程中，缺失的数据信息或搜索无结果的信息均用"0"作为替代。另外，上海于2009年将"南汇区"归并到"浦东新区"；2011年将"卢湾区"与"黄浦区"、2018年将"闸北区"与"静安区"先后进行了行政区的合并，因此本次统计中也将相关信息作合并处理。

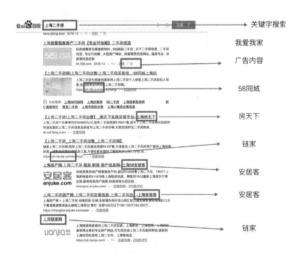

图6.3-1 百度输入关键字"上海二手房"搜索结果页示意图

表 6.3-1 百度排名前 8 位房产中介网站上海各区县小区信息数据量统计

行政区/品牌名	58 同城	房天下	链家	安居客	Q 房网	我爱我家	中原地产	房多多
浦东新区	2214	3869	3364	3285	1013	3201	2662	3500
闵行区	1655	1739	1596	1480	113	1430	796	1581
徐汇区	1675	1743	1592	1509	6	1455	917	1817
普陀区	1016	1047	985	936	429	960	415	981
宝山区	1153	1034	1056	1052	415	793	823	1134
长宁区	1213	1388	1252	1074	62	1150	745	1236
杨浦区	1290	1205	1342	1174	22	1047	878	1425
松江区	1128	898	963	998	0	696	212	995
虹口区	1315	1150	1185	1076	14	942	849	1315
嘉定区	1091	922	1074	999	35	768	550	1141
黄浦区	1397	1227	1321	1143	16	1054	659	1512
静安区	1777	1883	1653	1547	435	1490	806	1809
青浦区	806	566	632	752	0	485	91	707
奉贤区	640	477	660	577	0	0	145	446
金山区	426	358	330	379	0	0	133	307
崇明区	214	222	170	203	0	0	2	145
总数	19010	19728	19175	18184	2560	15471	10683	20051

表 6.3-1 中，根据搜索结果得到 58 同城房产网站在宝山区、松江区、虹口区、青浦区、金山区所采集小区信息条目数最多，并在表 6.3-1 中用高亮色标记。同样，房天下网站搜索所得浦东新区、闵行区、普陀区等 6 个行政区小区信息数量最多，也同样标记为高亮色；而"房多多"一列中标记高亮色的数据也是相较其他网站对应行政区划中搜索结果数量最多的 4 个区。因此，本次研究选取了 58 同城、房天下、房多多三个网站作为数据源进行上海市所有住宅小区地理位置的信息采集对象，并将链家网上"奉贤区"的搜索结果的 660 条小区信息补充到 58 同城奉贤区板块所搜集的信息中，以尽可能保障数据的完整度。

2. 网络爬虫工具的使用及抓取技术路线设置

本次研究选取了其中一款较为成熟且免费的爬虫软件 GooSeeker 进行网站数据的批量下载工作，主要抓取技术路线图如图 6.3-2 所示。其主要关键步骤为：

①打开指定网址；②设置循环选取指定行政区；③设置循环翻页；④抓取页面内"小区名称""地址""建筑年代"等属性信息（具体属性信息可根据研究目的进行设定）。其中 58 同城共下载 17 781 条数据，房天下、房多多分别下载了 11 861 条和 18 502 条数据，统计结果如表 6.3-2 中"实际下载"一列中的数据所示。

图 6.3-2 GooSeeker 主要抓取技术路线逻辑示意图

GooSeeker 抓取数据时，以每个页面数据单独存储为 xml 格式的文件，因此，数据存储文件夹中 xml 格式文件的文件数量便是成功抓取的页面数量，经统计比较发现，在字段设计准确的前提下，页面抓取率分别为 91.38%、62.74% 和 97.06%，其中 58 同城和房天下网站的页面抓取率均高于 90%，如表 6.3-2 所示，页面抓取率 = 实际抓取数据量 ÷ 计划抓取数据量 %。根据常用的清洗数据方法，利用软件对数据进行如下步骤的清洗工作：① xlm 文件转化为 csv 数据格式文件；②删除重复及无效数据，其中无效数据包括房屋类型为"商铺、写字楼等"的数据条目；③将数据中的地址信息通过百度地图 API 接入转化为经纬度数据；④统计各行政区所下载的数据量并与计划下载量作比较，确保数据不缺失。

3. 数据的检验

小区地理位置信息数据的检验可转化为检验各网站所采集数据中的"小区名称"的一致性程度以及小区地址信息是否正确两个方面的问题。若其一致性程度高且地址信息正确率高，可视为该数据采集方法有效，反之则不然。

表 6.3-3 为各网站数据中小区名称的一致性检测结果。从结果不难发现，被检验数据列（A 列）与实验组数据列（B、C 列）一致性较高，其中平均一致度在 95.36% 到 96.53% 之间，一致度最高的宝山、崇明等地区达到了 100%。本检验中一致度最低在嘉定区出现，A 列数据中分别包含了 B 列和 C 列中 84.83% 及 85.98% 的数据。

表 6.3-2 各房产网站数据下载数量统计表

行政区 /品牌名	58 同城（拟采集）	58 同城（实际采集）	58 同城采集有效率	房天下（拟采集）	房天下（实际采集）	房天下采集有效率	房多多（拟采集）	房多多（实际采集）	房多多采集有效率
宝山区	1153	1090	94.54%	1034	707	68.38%	1134	1134	100.00%
崇明区	214	208	97.20%	222	187	84.23%	145	145	100.00%
奉贤区	640	640	100.00%	477	333	69.81%	446	444	99.55%
虹口区	1315	1315	100.00%	1150	773	67.22%	1315	1309	99.54%
黄浦区	1397	567	40.59%	1227	667	54.36%	1512	1506	99.60%
嘉定区	1091	1061	97.25%	922	528	57.27%	1141	1137	99.65%
金山区	426	426	100.00%	358	250	69.83%	307	306	99.67%
静安区	1777	1750	98.48%	1883	1136	60.33%	1809	1799	99.45%
闵行区	1655	1570	94.86%	1739	1064	61.18%	1581	1574	99.56%
浦东区	2214	2104	95.03%	3869	2000	51.69%	3500	1997	57.06%
普陀区	1016	980	96.46%	1047	644	61.51%	981	980	99.90%
青浦区	806	802	99.50%	566	295	52.12%	707	705	99.72%
松江区	2206	1128	51.13%	898	411	45.77%	995	988	99.30%
徐汇区	1675	1674	99.94%	1743	1094	62.77%	1817	1823	100.33%
杨浦区	1290	1253	97.13%	1205	893	74.11%	1425	1420	99.65%
长宁区	1213	1213	100.00%	1388	879	63.33%	1236	1235	99.92%
总数	20088	17781	88.52%	19728	11861	60.12%	20051	18502	92.27%
平均值	1255.5	1111.3125	91.38%	1233	741.3125	62.74%	1253.1875	1156.375	97.06%

表 6.3-3 各网站数据中小区名称的一致性检测结果

上海市辖区	B-A 一致性	C-A 一致性	A-B 一致性	A-C 一致性
宝山	99.91%	100.00%	94.11%	91.68%
崇明	100.00%	100.00%	86.45%	97.20%
奉贤	100.00%	100.00%	89.84%	95.00%

虹口	100.00%	100.00%	88.14%	83.73%
黄埔	88.71%	87.56%	100.00%	89.31%
嘉定	84.83%	85.98%	100.00%	96.14%
金山	84.83%	85.98%	100.00%	96.14%
静安	86.82%	86.09%	100.00%	98.45%
闵行	100.00%	100.00%	96.98%	97.28%
浦东	100.00%	100.00%	95.53%	85.36%
普陀	100.00%	100.00%	99.70%	92.42%
青浦	100.00%	100.00%	95.29%	95.29%
松江	100.00%	100.00%	98.37%	99.27%
徐汇	99.64%	99.73%	100.00%	98.41%
杨浦	91.01%	89.81%	100.00%	95.08%

6.3.2 基于 ArcGIS 软件的可达性分析实施

1. 数据获取

本次可达性研究技术路径探索需要上海虹口区所有公园的地理位置坐标，虹口区所有居民小区出入口的位置信息以及上海虹口区的路网数据。在进行前期调研时，我们记录了虹口区公园出入口的经纬度信息。在后期进行数据分析时，又用 Python 爬虫技术抓取了公园地址信息，以保证信息的准确性。之后通过"地址——GPS 坐标转换器"将其转换为不同地图坐标系下的经纬度信息。对小区的地址信息，是通过爬虫技术工具对 58 同城、房多多、房天下三个网站的信息进行抓取、检测及清洗过的数据。虹口区的路网数据来源于 Bigemap 的地图库中的 Google 地图。本实验是针对步行、骑行两种出行方式的可达性测试，路网的精确度为九级道路。

2. 数据清洗

通过爬虫工具对地理位置信息进行抓取后，用三种不同的方法对这些基础信息进行处理，并使用 ArcGIS 软件，对比其在可达性分析时的可行性，以找到最佳的清洗方式。以虹口区小区位置数据在 ArcGIS 中的导入结果为依据，统一对小区的坐标保留小数点后两位（即精确到百米）进行校对，并人工筛选出非虹口区的小区数据并进行删除。在前期测试中，摘选了虹口区前 45 行小区地理位置数据作为检验三种不同方法有效性的初步尝试，最终选择出最为合适的坐标信息导入方法应用于本研究中。

基于爬虫技术获取的地理位置信息，将小区名称前一致加入上海市虹口区的字样，导入"地址——GPS 坐标转换器"。检测后得出导出数据与拾取器系统的一致性为 100%，关键词列与地址列无一致性。将此数据导入 ARCGIS 中所得数据如图 6.3-3 所示，图中数据无明显偏移。

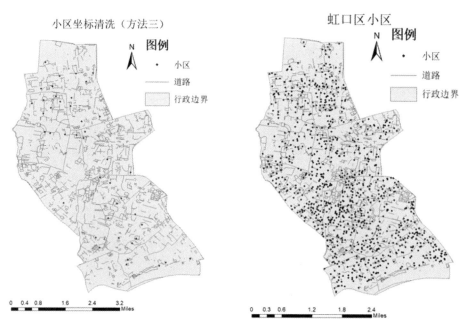

图 6.3-3 坐标信息导入方法三　　　　图 6.3-4 虹口区小区地理位置信息导入结果

将处理过的信息导入 ARCGIS 中后，所得数据如图 6.3-4 所示，图中数据全部在虹口区的行政区划内，无明显偏移。于是可认为此方法可行，且具有可复制性，在处理此类数据时可套用。

从导入 ARCGIS 的总体效果以及转化坐标与百度坐标拾取器的一致性来看，将小区名称前统一添加"上海市虹口区"字样的方法所产生的结果最为精确，不会出现明显的偏差。

3. 两种出行模式下的可达性分析技术路径探索

根据前文问卷研究结果可以看出，到达公园的活动人群，多数选择步行或骑行的出行方式，因此在做可达性测试分析时，应综合考虑骑、步行两种不同出行方式条件下的公园入口可达性。

（1）数据的导入与初步处理

在 ARCGIS 中处理数据要首先将之前所得的地理位置信息导入，并转为 SHP 文件使用。SHP 是 ARCGIS 软件常用的文件格式之一，它可以储存一部分的地理特性，如街道、兴趣点和邮政编码边界等。将路网数据中不需要用到的省道、国道等删除，留下九级道路、行人道路以及其他道路。同时为方便后续进行可达型测试，按照表 6.3-4 在道路的属性表中添加时速的"值"字段，按照步行及骑行分别进行赋值并保存。

表 6.3-4 时速信息汇总表

	步行	自行车 主干道	自行车 非主干道	电动车 主干道	电动车 非主干道
时速（公里/小时）	5	15	12	20	15
时间（分钟）	12	4	5	3	4
空白区域时间（分钟）	15	3	3	2.4	2.4

（2）步行模式下的可达性测试

将处理后的路网数据栅格化，由于道路信息过于细微，像素精度调为 10^{-4}。将栅格化后的数据按照表 6.3-5 进行重分类。利用成本距离工具，以公园门口为源数据，重分类后的栅格数据为成本数据，分析出在虹口区内每个像元到最近源的成本距离。将分析后的时间区域按照表 6.3-5 再进行划分。

表 6.3-5 步行可达性等级表

步行时间（分钟）	等级
< 10	一级
10~15	二级
15~20	三级
20~30	四级
30~60	五级
> 60	六级

　　将分析图制图美化，导出地图后结果如图 6.3-5 所示。图 6.3-5 结合表 6.3-5，可以看出曲阳公园与和平公园的步行可达性较低，江湾公园、爱思儿童公园及霍山公园的步行可达性较高。此外，可以看出在公园分布密集的地段，小区分布也较为密集。

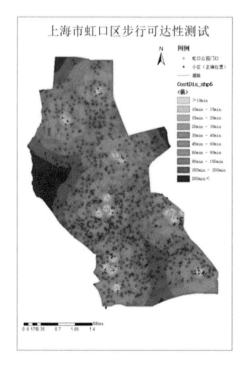

图 6.3-5 步行可达性测试

（3）骑行模式下的可达性测试

按照与步行同样的方法分析自行车骑行的可达性。将分析后的时间区域按照表 6.3-6 进行划分。

表 6.3-6 骑行可达性等级表

骑行时间（分钟）	等级
＜ 10	一级
10~20	二级
20~30	三级
30~45	四级
45~60	五级
＞ 60	六级

制图导出后如图 6.3-6 所示。将图 6.3-6 所得结果结合表 6.3-6，可以看出，在以自行车作为骑行方式的前提下，凉城公园和昆山公园的可达性较低，江湾公园、和平公园与鲁迅公园的可达性较高。可初步推测大型公园的骑行可达性相对更高。

按照与骑行同样的方法分析电动车骑行的可达性。制图结果导出后如图 6.3-7 所示。将图 6.3-7 结合表 6.3-6，可以看出，在以电动车作为骑行方式的前提下，凉城公园和昆山公园的可达性较低，爱思儿童公园、和平公园与鲁迅公园的可达性较高。将自行车与电动车两种骑行方式比较可得，电动车可达结果与自行车重合率较高。

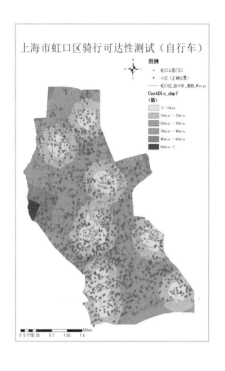

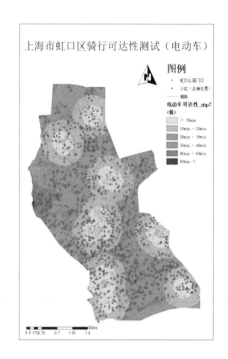

图 6.3-6 骑行可达性测试（自行车）　　　　图 6.3-7 骑行可达性测试（电动车）

6.3.3 基于 ArcGIS 软件的上海城市公园可达性分析结果

　　基于城市公园可达性测试技术路径的探索，我们将该方法应用到被抽样的其他行政区域及公园，将前期基于网络爬虫技术获取的小区位置信息及普陀、闵行、徐汇、金山、杨浦、奉贤区的路网信息导入 ARCGIS 软件中，通过上述方法进行测算，并最终获得了被抽样公园与周边小区点对点不同出行方式下的可达性测试结果。图 6.3-8~ 图 6.3-10 分别是软件测算的步行、骑行可达性结果示意图。

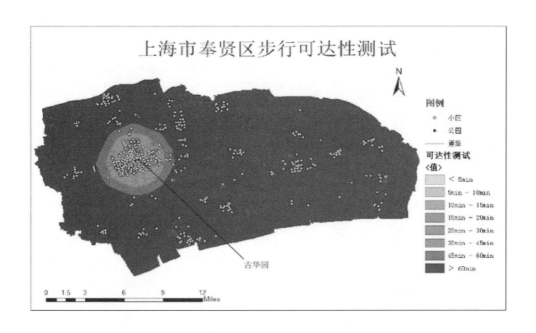

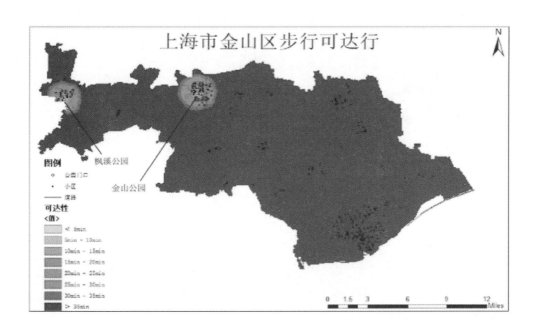

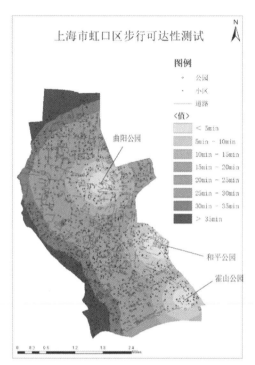

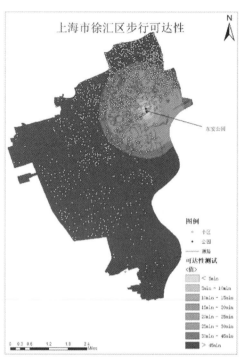

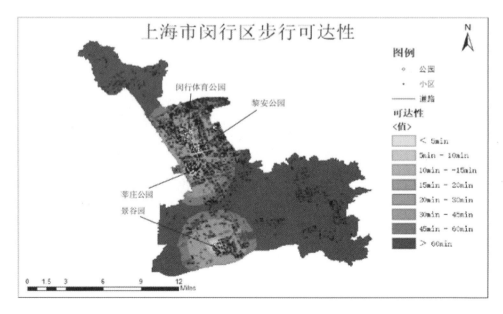

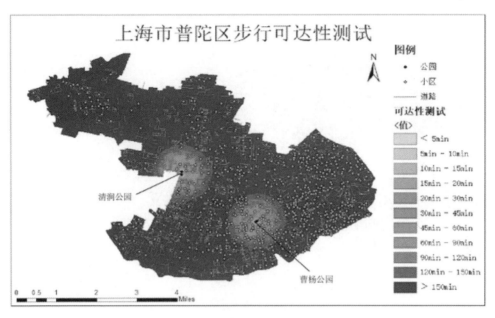

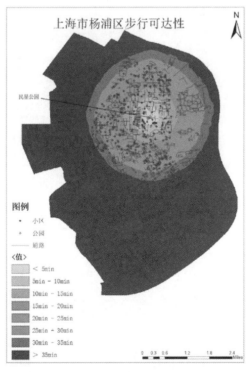

图 6.3-8 上海市各行政区被抽样公园步行可达性测试结果

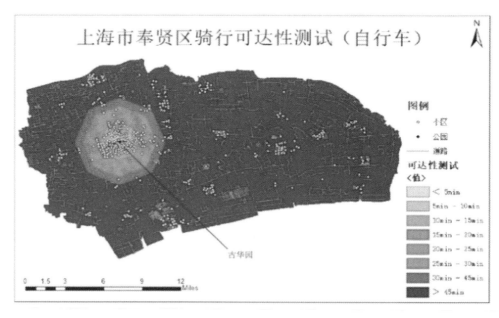

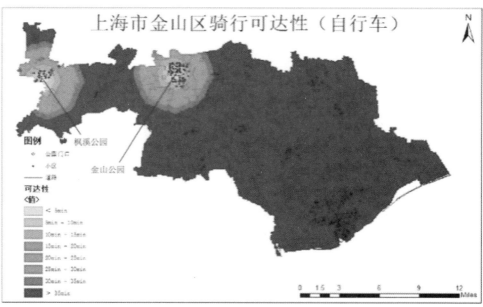

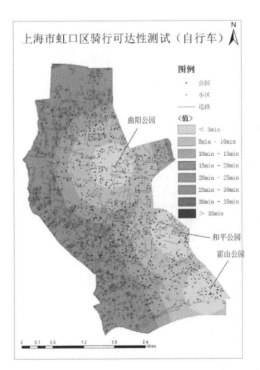

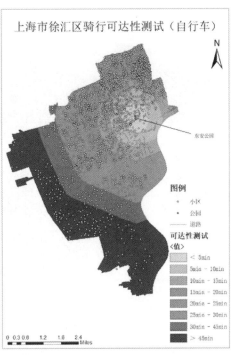

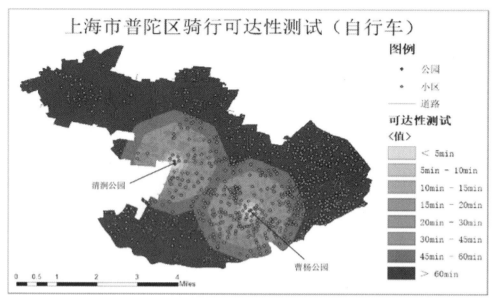

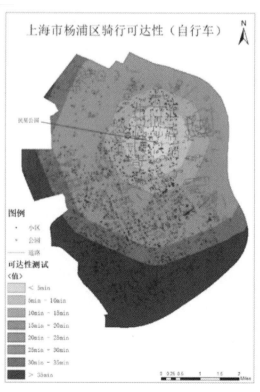

图 6.3-9 上海市各行政区被抽样公园骑行（自行车）可达性测试结果

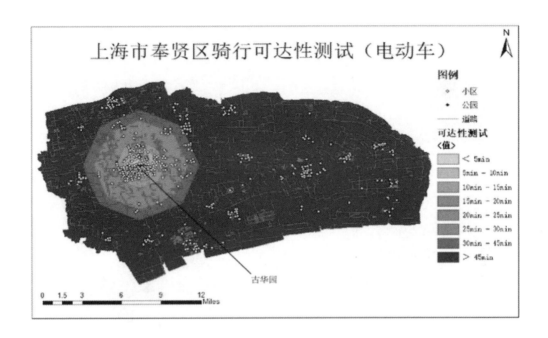

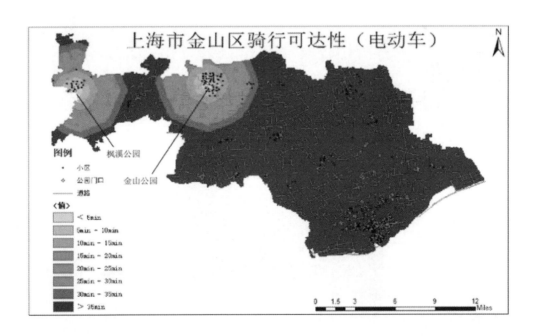

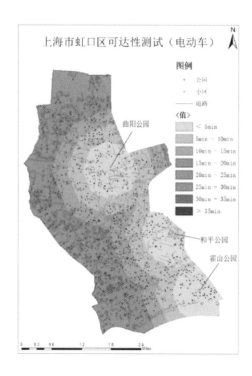

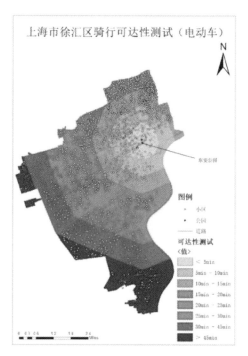

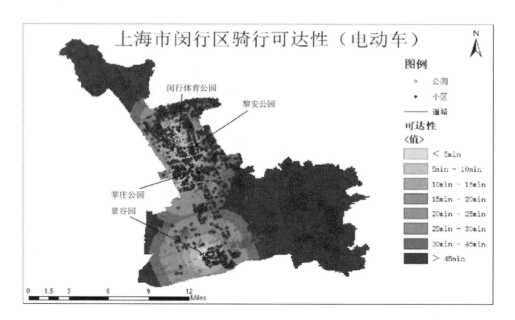

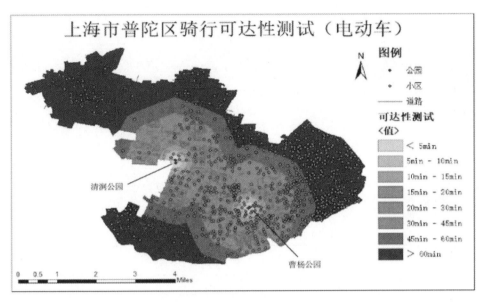

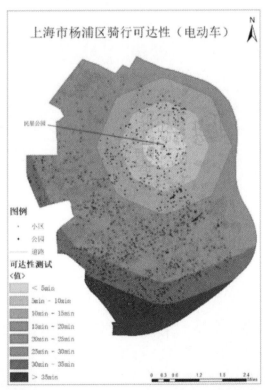

图 6.3-10 上海市各行政区被抽样公园骑行（电动车）可达性测试结果

　　根据该可达性测试结果，对于小区到公园点对点的可达性进行数量统计，整理出以公园门口为起点，分别经过 5~10 分钟步行、10~20 分钟骑行后可到达周边小区的小区数量，具体统计结果如表 6.3-7 所示。例如，从曲阳公园出发，步行 5 分钟可到达的周边小区数有 7 个，即曲阳公园周围有 7 个居民小区内的居民仅需步行 5 分钟内就可到达公园大门。同理，虹口区的和平公园附近有 114 个居民小区骑行（自行车）10 分钟内就可以到达和平公园大门。以上统计结果中的公园大门位置，包括了公园的所有出入口，并通过实地调研排除了地图上有但实际并未开放的出入口。

表 6.3-7 上海市被抽样公园骑、步行可达性测试统计结果

行政区	公园名称	步行可达小区数量		骑行可达小区数量（自行车）		骑行可达小区数量（电动车）	
		5 分钟	10 分钟	10 分钟	20 分钟	10 分钟	20 分钟
虹口区	曲阳公园	7	54	172	390	272	541
	霍山公园	26	58	103	180	121	164
	和平公园	19	58	114	270	172	359
金山区	枫溪公园	1	4	16	19	17	21
	金山公园	0	6	34	53	44	53
普陀区	清涧公园	2	6	36	147	55	217
	曹杨公园	3	21	151	409	210	537
徐汇区	东安公园	4	19	171	879	312	1234
杨浦区	民星公园	14	37	97	315	159	503
奉贤区	古华园	12	37	92	177	115	187
闵行区	景谷园	6	13	23	68	39	99
	莘庄公园	15	40	66	128	82	141
	闵行体育公园	4	17	29	144	60	216
	黎安公园	6	30	46	95	64	123

　　最后，为了比较"公园小区位置间的点对点可达性"与前文 5.3.2 中田野调研人流数量统计结果间的关系，又针对被统计人流量的公园出入口，单独做了可达性测试，并将其结果统计在表 6.3-8 中。其中部分公园因为只有一个出入口，如曲阳公园、霍山公园、枫溪公园等，因此其统计结果与表 6.3-7 中的相同，而有多个出入口的公园（如和平公园、曹扬公园、东安公园、古华园等）其统计

结果应小于表 6.3-7 中的统计数据。从表 6.3-7 中不难发现，被抽样公园的小区——公园点对点可达性差距明显，这说明了样本涵盖了不同骑、步行可达性的样本。对于后续"公园可达性是否会对时间分层段结构造成影响"这一问题的展开形成可靠依据。

表 6.3-8 上海市被抽样公园（出入口）骑、步行可达性测试统计结果

行政区	公园名称	步行可达小区数量		骑行可达小区数量（自行车）		骑行可达小区数量（电动车）	
		5 分钟	10 分钟	10 分钟	20 分钟	10 分钟	20 分钟
虹口区	曲阳公园（西门）	7	54	165	361	267	528
	霍山公园（北门）	26	58	103	180	121	164
	和平公园（2 号门）	13	43	104	235	155	309
金山区	枫溪公园	1	4	16	19	17	21
	金山公园（西南门）	0	6	34	53	44	53
普陀区	清涧公园（西南门）	0	6	36	147	55	217
	曹杨公园（北门）	2	18	146	408	208	537
徐汇区	东安公园（南门）	2	16	153	786	278	1169
杨浦区	民星公园	14	37	97	315	159	503
奉贤区	古华园（西北门）	6	20	73	172	101	184
闵行区	景谷园	4	11	20	63	37	93
	莘庄公园（东门）	15	40	66	128	82	141
	闵行体育公园（1 号门）	1	9	19	83	32	146
	黎安公园（1 号门）	5	23	32	84	50	112

基于对于被抽样公园的可达性分析结果不难发现，不同小区的可达性差异明显，其中步行可达性最高的是虹口区的霍山公园；自行车 10 分钟及 20 分钟骑行可达性、电瓶车 10 分钟及 20 分钟骑行可达性最高的均为曲阳公园和东安公园。

前文 3.2 节中，对于各个公园的空间行为时间分层段结构与空间行为关系的比较研究发现，具有不同可达性的公园，其空间行为的时间分层段结构表现出一致性特征，空间行为在不同的时间段有着相似的活动类型及位置分布，由此可以推断，城市公园的可达性虽在一定程度上会影响公园的人流量，但并不会对公园中空间行为的时间分层段结构、空间行为与时间分层段结构间的相互关系产生影响。

结　语

全书在"有机秩序"思想的引导下，剖析了人、时间、空间三者间不可分割的关系，根据对空间"人性化"设计方法的梳理，发现了该理论在"时间"维度探索的缺失，提出将有机秩序中的"时间"维度引入城市公园设计方法。并根据城市公园有机秩序的宏观、中观、微观时间分层段结构，分别归纳出了有机秩序的四种模式，并基于四种有机秩序模式提出了城市公园有机秩序化设计方法。研究中努力分析实证深入探索，是此次研究的主要工作。

首先，基于城市公园空间中的各类行为现象，总结归纳出城市公园中空间行为的时间具有分层段现象，并分析总结了可能会影响城市公园有机秩序时间分层段结构的五类干扰因素。

其次，针对其中三类干扰因素进行抽样设计，使样本涵盖了不同人口密度、公园面积及区域位置的上海城市公园，以确保其代表性。针对天气、公园可达性两个方面的问题作了单独的研究，以确定被调研的样本及数据采集覆盖了不同天气及不同公园可达性的数据，以确保样本的可信度。

最后，调查研究的核心过程也是全书理论建立的重要依据。具体步骤如下：①通过问卷及人流量统计的方法探索空间行为与时间的关系，以解决"时间如何分层段"的问题。②通过空间活动的有机形态统计，对公园中活动的人群进行分类。最后在时间分层段研究及人群分类结果的基础上，改进了由威廉·伊特尔森 (William.H.Ittelson) 行为标记法发展而来的"行为注记法"，得到"分时空间行为注记法"。③以上海为研究范围，将分时空间行为注记法应用在不同季节、不同时间段、不同公园中进行大量实证调研，分析比较其结果后，提炼出最终的研究结论。

因研究时间及条件的限制，城市公园有机秩序的宏观时间分层段结构是根据田野调查结果进行比较分析后得出的定性研究初步结论，该结论仅从理论层面指出了时间分层段的结构，并未对分层段的周期性作更为深入的探索。希望在今后的研究中，争取更多的经费及时间对宏观城市公园有机秩序的宏观时间分层段结构作更为深入的研究，以发现其"出现——形成——持续——结构"过程中每一阶段跨越的时间长度和核心内容，为公园重建或改建等建设性工程的决策提供更为准确的指导建议。

致　谢

　　首先要感谢我的恩师范圣玺教授，从读博士期间的理论研究到人生方向的指引，范老师就像茫茫大海中的指明灯，总能让我在迷失的时候找回自己和续航方向。至今我依然清晰地记得，老师一次次地帮助我整理思路，不厌其烦地听我描述、修正自己理论框架的情形。我也清楚地记得，在工作室里和您以及师兄们讨论各类学术问题时，您侃侃而谈的样子，每一种在我们看来"高大上"的理论在您的描述中都是那么清晰明了，每一次和您聊天都让我有种如沐甘霖的畅快。老师您作为我心目中的榜样和前进的标杆，我会加倍努力不断提升自己，不负老师长期对我的倾心栽培和谆谆教诲。

　　还要感谢我在同济大学设计创意学院学习期间诸多老师们的指导，为我打开了一扇扇通往学术殿堂的大门，使我有机会深入其中得益徜徉。感谢学院提供的博士工作室以及工作室中的其他学友们，尤其是邓碧波师兄、徐文娟师姐对我的帮助，他们总能在我研究工作进行的各个环节中给我经验，帮助我前进。感谢我的学生们对我采集数据阶段工作的大力支持，在无数个寒冷的冬夜里陪伴我一起记录的经历将会让我终身难忘。也感谢上海市的枫溪公园、金山公园、景谷园、莘庄公园、东安公园、民星公园、清涧公园、曲阳公园、霍山公园、和平公园、曹杨公园、闵行体育公园、黎安公园、古华园的工作人员对我研究工作的大力支持，特别要感谢曹杨公园的一位保安及过路的大哥，他们在我最无助的时候将掉落在10多米高树上的无人机取下，如果不是您二位伸出的援助之手，我后期的研究计划可能因此而受影响。

　　特别要感谢建筑与城规学院的教授们，多次对我的研究思路和聚焦内容给予指点和帮助。另外还要感谢我的家人们对我的理解和包容，总能在我最需要的时候给予我精神上的鼓励和支持。

最后，感谢所有给予我各种帮助和鼓励的朋友和同学，在漫长人生中学术攀登的这几年，因为有你们的帮助和鼓励，我才被锤炼得更加坚韧、勇敢、自强！

特别鸣谢：教育部人文社科青年基金项目（20C10856015）对本研究的资助。

编者

2023 年 2 月 18 日于上海

附录一 虹口、普陀、闵行、金山区公园按面积分类表

面积类别	行政区	公园名	建成年份	公园面积（公顷）
0~2公顷	虹口区	江湾公园	2009 年	1.07
		凉城公园	1995 年	1.37
		昆山公园	1893 年	0.3
		霍山公园	1917 年	0.37
		爱思儿童公园	1955 年	1.898
	普陀区	清涧公园	1959 年	1.97
		海棠公园	1998 年	1.49
		梅川公园	1999 年	1.13
		真光公园	1999 年	1.52
		管弄公园	1991 年	1.25
		沪太公园	1988 年	1.47
		宜川公园	1986 年	1.88
		兰溪青年公园	1984 年	1.26
		普陀公园	1954 年	1.32
		桃浦公园	未知	1.5154
	闵行区	古藤园	1999 年	0.49
		纪王公园	2001 年	1.93
		梅陇休闲园	1993 年	1
		平阳双拥公园	2003 年	1.2
		梅陇公园	2012 年	1.9
		梅馨陇韵	2012 年	1.9
		新华园	未知	0.47
		景谷园	未知	0.93
		金塔公园	2005 年	0.86
	金山区	荟萃园	1993 年	1.2
		亭林公园	1995 年	1.55
		枫溪公园	1995 年	0.29
		古松园	1985 年	0.07
		张堰公园	1953 年	0.18

	虹口区	曲阳公园	1997 年	6.47
		四川北路公园	2002 年	4.24
	普陀区	真如公园	2007 年	2.6614
		武宁公园	2010 年	6.52
		祥和公园	2005 年	3
		未来岛公园	2000 年	2.7
		甘泉公园	1997 年	3.16
		长寿公园	2001 年	4.11
		曹杨公园	1954 年	2.26
2~7 公顷	闵行区	航华公园	2000 年	6
		吴泾公园	1998 年	4.5
		莘庄公园	1930 年	5.88
		闵行公园	1988 年	6.06
		红园	1960 年	4.08
		华漕公园	2000 年	3
		莘城中央公园	1999 年	4.27
		诸翟公园	2003 年	3.53
		田园	2004 年	2.35
		陈行公园	1998 年	4.13
		马桥公园	2002 年	2.52
		锦博苑	2017 年	2.9
		江玮绿地	2013 年	2.7075
		颛桥剪纸公园	2009 年	2.041
	金山区	滨海公园	1985 年	6
		金山公园	1995 年	2.27
	虹口区	和平公园	1958 年	16.34
	普陀区	梦清园	2004 年	8.6
7~20 公顷	闵行区	闵行体育公园	2004 年	12.6
		莘庄梅园	2015 年	11.6921
		黎安公园	2006 年	9.47
		西洋园、水生园	2005 年	13.4
		华翔绿地	未知	19.93
	虹口区	鲁迅公园	1896 年	28.63
20 公顷以上	普陀区	长风公园	1959 年	36.4
	闵行区	闵联生态公园	2004 年	40
		闵行文化公园	2015 年	43

附录二 公园人群活动行为调查问卷

1. 调研日期：[填空题] *

_____

2. 所在公园 [单选题] *

○金山公园	○闵行体育公园	○霍山公园
○曹杨公园	○东安公园	○民星公园
○莘庄公园	○景谷园	○清涧公园
○和平公园	○古华园	○曲阳公园
○枫溪公园	○黎安公园	

3. 您是独自来，还是和家人、朋友一起来的？ [单选题] *

○一个人	○夫妻二人	○一人带孩子	○一家 3 口 /4 口
○祖孙三代	○子 / 女带父母	○朋友	○其他 _____

4. 你们有几个人一同前来？ [单选题] *

○单独 1 人	○ 2~3 人	○ 4~5 人	○ 5 人以上

5. 您在这里主要参加的活动是什么？ [填空题] *

_____

6. 夏令时（5 月 1 日 ~10 月 31 日）活动时间段？ [填空题] *

_____

7. 冬令时（11 月 1 日 ~4 月 30 日）活动时间段？ [填空题] *

_____

8. 您大概多久来一次公园 [单选题] *

○极少	○很少	○偶尔	○经常	○每天

9. 您下雨天也会来公园吗？ [单选题] *

○下雨不会来
○下雨偶尔会来，具体看什么季节，天热就无所谓
○小雨会来，无论什么季节，戴帽子或者撑伞
○风雨无阻，雨再大都会来

10. 来公园主要的交通方式 [单选题] *

○步行	○自行车	○电瓶车	○公交车	○自驾
○地铁	○残疾车	○出租车	○其他	

11. 路上需要多少时间？ [单选题] *

○5 分钟以内	○6~10 分钟	○11~20 分钟	○21~30 分钟	○31 分钟以上

12. 一年四季来这里参加活动的次数都一样多吗？ [多选题] *

□一样多	□春天稍多	□夏天稍多	□秋天稍多	□冬天稍多

13. 方便问一下您的年龄吗？ [填空题] *

_____

14. 性别 [单选题] *

○男	○女	

------------------ 研 ---- 究 ---- 员 ---- 填 ---- 写 --------------------

1.问卷是否有效 [单选题]

□有效　　□无效

2.无效原因；其他问题备注 [填空题]

_____

调研人员姓名：

附录三 小群空间行为研究原始数据（部分）

公园	记录时间例 6:00	实时温度（℃）	活动标记序号（①②③）	活动内容	主要设施（编号/数量）	边界形状与活动分布形态	活动形状尺度（m）	边界空间尺度（m）	边界间距（m）	人们对阳光的偏好（√） 阴凉处	人们对阳光的偏好（√） 太阳下	人们对阳光的偏好（√） 来回走动
2018年12月28日 晋杨	8:30 —— 3℃	3	②	太极	10					√		
2018年12月28日 晋杨	10:29 —— 3℃	3	⑦	太极								
2018年12月28日 晋杨	14:11 —— 4℃	4	⑤	太极剑								
2019年01月01日 幸庄	08:00	3	②	太极拳	7					√		
2019年01月01日 幸庄	09:15	3	⑦	太极剑	7					√		
2019年01月01日 幸庄	09:30	3	②	棍+拳	7					√		
2019年01月01日 幸庄	09:45	4	③	儿童太极拳	6、7、11					√		

公园	记录时间例 6:00	实时温度 (℃)	活动标记序号 (①②③)	活动内容	主要设施 (编号/数量)	边界形状与活动分布形态	活动形状尺度 (m)	边界空间尺度 (m)	边界间距 (m)	人们对阳光的偏好 (√)		来回走动
										阴凉处	大阳下	
2019年01月06日 和平	07:43	5	①	太极	6、7、11		R			√		
2019年01月06日 和平	08:34	6	⑥	打太极 打羽毛球	6 /个					√		
2019年01月06日 和平	08:54	6	⑧	打太极	6/1个					√		
2019年01月06日 枫溪公园	09:00	13	②	太极	13		7.406 3.905	8.068 8.897	1.426 5.132 3.122 2.470	√		
2019年01月06日 枫溪公园	10:00	14	③	太极	13		3.655 2.906	3.706	2.906		√	
2019年03月24日 霍山公园	08:25	15	②	太极	13		3.434 5.300	5.317 15.509	1.505 1.606		√	
2019年03月24日 霍山公园	09:02	16	④	太极	6		7.721 9.065	17.862 14.241	8.241 4.926		√	

公园	记录时间例 6:00	实时温度 (℃)	活动标记记录号 (①②③)	活动内容	主要设施 (编号/数量)	边界形状与活动分布形态	活动形状尺度 (m)	边界空间尺度 (m)	边界间距 (m)	人们对阳光的偏好 (√)		
										阴凉处	太阳下	来回走动
2019年03月24日 霍山公园	09:25	16	⑤	练剑	6						√	
2019年03月31日 曹杨公园	7:39	10	①	太极								√
2019年03月31日 曹杨公园	8:08	12	④	太极								√
2019年03月31日 曹杨公园	8:11	12	⑤	太极								√
2019年03月31日 曹杨公园	8:21	12	⑥	太极								√
2019年04月04日 民星公园	08:01	15	①	太极	8					√		
2019年04月04日 民星公园	08:25	16	②	太极	6					√		

公园	记录时间例6:00	实时温度（℃）	活动标记序号（①②③）	活动内容	主要设施（编号/数量）	边界形状与活动分布形态	活动形状尺度（m）	边界空间尺度（m）	边界间距（m）	人们对阳光的偏好（√）		未回走动
										阴凉处	太阳下	
2019年04月05日闵行体育	07:49	14	④	太极	12、7×8、10、17、11					√		
2019年04月07日金山公园	7:35	21.9	②	做操（热身）、太极	6					√		
2019年04月07日金山公园	8:01	23.1	⑤	做操、太极	7					√		
2019年04月07日金山公园	8:10	22.9	⑥	太极						√		
2019年04月18日东安公园	08:05	16	③	太极						√		
2019年04月18日东安公园	08:34	17	⑤	木兰扇、太极							√	
2019年04月18日东安公园	08:54	19	⑦	太极、舞剑	16					√		

公园	记录时间例6:00	实时温度（℃）	活动标记序号（①②③）	活动内容	主要设施（编号/数量）	边界形状与活动分布形态	活动形状尺度（m）	边界空间尺度（m）	边界间距（m）	人们对阳光的偏好（√）阴凉处	大阳下	来回走动
2019年04月18日 东安公园	09:55	22	⑩	扫拳						√		
2019年04月18日 东安公园	14:12	28	⑯	太极						√		
2019年04月26日 景谷圈	08:44	16	⑩	太极						√		
2019年05月01日 和平公园	08:14	16	④	太极						√		
2019年05月01日 和平公园	08:16	16	⑤	太极						√		
2019年05月02日 和平公园	7：26	15	18	太极						√		
2019年05月02日 和平公园	7：32	15	20	太极						√		

公园	记录时间例 6:00	实时温度 (℃)	活动标记序号 (①②③)	活动内容	主要设施 (编号/数量)	边界形状与活动分布形态	活动形状尺度 (m)	边界空间尺度 (m)	边界间距 (m)	人们对阳光的偏好 (√)		
										阴凉处	太阳下	来回走动
2019年05月02日 和平公园	7：57	16	23	太极						√		
2019年05月02日 和平公园	8：40	17	25	太极						√		
2019年05月02日 和平公园	8：45	17	26	太极						√		
2019年05月03日 古华园	08:21	19	②	太极						√		
2019年05月04日 古华园	08:45	18	⑩	打太极						√		
2019年05月04日 古华园	08:40	18	⑪	打太极						√		
2019年05月11日 黎安公园	07:54	20	②	打太极	16					√		

参考文献

[001] 克莱尔 · 库珀 · 马库斯,卡罗琳 · 弗朗西斯. 人性场所 [M]. 俞孔坚, 等, 译. 北京: 中国建筑工业出版社 ,2001.

[002] 张　婧. 大型商业建筑公共空间设计研究 [D]. 上海: 同济大学 ,2007.

[003] 宋婷婷. 商业建筑公共空间的设计分析及探讨 [D]. 合肥: 合肥工业大学 ,2007.

[004] 曹建丽. 城市地下商业建筑公共空间环境设计的研究 [D]. 南京: 南京林业大学 ,2009.

[005] 陈东东. 商业步行街公共空间的人性化设计策略研究 [D]. 武汉: 华中科技大学 ,2011.

[006] 高　静. 现代城市生活性街道空间景观的人性化设计研究 [D]. 济南: 山东建筑大学 ,2010.

[007] 姚晓彦. 现代城市街道边缘空间设计研究 [D]. 保定: 河北农业大学 ,2007.

[008] 赵宝静. 浅议人性化的街道设计 [J]. 上海城市规划 ,2016(02):59-63.

[009] 陈　泳, 张一功, 袁琦. 基于人性化维度的街道设计导控——以美国为例 [J]. 时代建筑 ,2017(06):26-31.

[010] 张　倩, 谭　琪. 回归人性化的步行空间 [J]. 中国园艺文摘 ,2013,29(12):146-147.

[011] 谭　蓓. 城市公共空间无障碍设计研究 [D]. 长沙: 湖南大学 ,2013.

[012] 姜　远. 城市公共空间中坐憩设施的人性化设计研究 [D]. 北京: 中国林业科学研究院 ,2013.

[013] 常　成, 史　津. 城市公共空间无障碍设施设计人文化研究 [J]. 包装工程 ,2015,36(20):57-60+69.

[014] 林　海, 文剑钢. 论城市景观的公共家具设计原则 [J]. 苏州科技学院学报（工程

技术版),2005(04):77-80.

[015] 陈　准,胡　玮.谈城市公共空间中城市家具的设计[J].工程建设与设计,2008(08):9-12.

[016] 刘孟哲.高校图书馆空间组织及环境改造设计研究[D].西安:长安大学,2014.

[017] 王　坚.高校公共教学建筑教学空间设计研究[D].天津:天津大学,2006.

[018] 张　倩.高校教学楼公共空间人性化设计方法研究[D].天津:天津城市建设学院,2012.

[019] 王　晗.高校教学楼灰空间交往功能及设计研究[D].深圳:深圳大学,2010.

[020] 张广平,杨　欢.基于人性化理念的城市公共空间设计研究[J].建筑与文化,2020(07):165-166.

[021] 邹德慈.人性化的城市公共空间[J].城市规划学刊,2006(05):9-12.

[022] 林　纪.创造人性化的环境与景观[J].国外城市规划,2003(01):68-70.

[023] 韩瑞光.人性化的新加坡居住及环境景观规划[J].中国园林,2007(10):43-46.

[024] 钟旭东.以人性化为核心的城市公共空间设计研究[D].北京:中央美术学院,2005.

[025] 杜立柱.关于公共空间的思索——兼论法国城市规划的两种形式[J].国外城市规划,2002(03):42-44+46.

[026] 吕明娟.人性化城市公共空间的设计研究[J].工业建筑,2006(S1):14-16.

[027] 海伦·伍勒,于一平.人性化公共开放空间[J].世界建筑,2006(07):45-47.

[028] Junge X, Schübpach B, Walter T, Schmid B, Lindemann Matthies P. Aesthetic quality of agricultural landscape elements in different seasonal stages in Switzerland [J]. Landscape and Urban Planning, 2015, 133: 67-77.

[029] 俞孔坚.论景观概念及其研究的发展[J].北京林业大学学报,1987(04):433-439.

[030] 凯文·林奇.城市意象[M].方益萍,等,译.北京:华夏出版社,2019.

[031] 卢原义信.街道的美学[M].尹培桐,译.南京:江苏凤凰文艺出版社,2017.

[032] 王　云,崔　鹏,李海峰.道路景观生态学研究进展 [J].世界科技研究与发展 ,2006(02):90-95.

[033] 王　云,崔　鹏,江玉林,等.道路景观美学研究初探 [J].水土保持研究 ,2006(02):206-208+233.

[034] 冒亚龙.高层建筑美学价值研究 [D].重庆:重庆大学 ,2006.

[035] 张　鼎.建筑空间美学初论 [J].科技情报开发与经济 ,2009,19(13):141-143.

[036] 王晓燕.新中式建筑所体现的传统空间美学思想 [J].城市问题 ,2012(10):21-24.

[037] 徐贤杰,林振德.中国城市公共空间的文化性思考 [J].山西建筑 ,2005(01):8-9.

[038] 常　成,史　津.城市公共空间无障碍设施设计人文化研究 [J].包装工程 ,2015,36(20):57-60+69.

[039] 鲁天义.我国现代城市广场对历史文脉的继承和发扬 [D].太原:太原理工大学 ,2010.

[040] 刘书伶,刁　艳.城市公共空间品质的提升与人文关怀 [J].建材与装饰 ,2019(10):134.

[041] 曹瑞林,赵蕴真.浅析城市景观中人文关怀的重要性 [J].大众文艺 ,2013(01):107-108.

[042] 秦红岭.以广场为例谈城市公共空间的人文价值取向 [J].山西建筑 ,2007(03):19-21.

[043] 张　琴.回归城市街道空间的人文场所性 [J].设计艺术研究 ,2013,3(04):46-48+63.

[044] 杨·盖尔.交往与空间 [M].何人可,译.北京:中国建筑工业出版社 ,2002.

[045] 杨·盖尔,拉尔斯·吉姆松.公共空间·公共生活 [M].汤羽扬,等,译.北京:中国建筑工业出版社, 2003.

[046] 杨·盖尔,拉尔斯·吉姆松.新城市空间 [M].何人可,等.译.北京:中国建筑工业出版社 ,2003.

[047] 唐纳德·A·诺曼.设计心理学 [M].小柯,译.北京:中信出版社 ,2015.

［048］ 齐　康 . 城市建筑 [M]. 南京：东南大学出版社 ,2001.

［049］ 黄亚平 . 城市空间理论与空间分析 [M]. 南京：东南大学出版社 ,2001.

［050］ 王建国 . 现代城市设计理论与方法 [M]. 南京：东南大学出版社 ,2001.

［051］ 吴良镛 . 建筑·城市·人居环境 [M]. 石家庄：河北教育出版社 ,2003.

［052］ 李道增 . 环境行为学概论 [M]. 北京：清华大学出版社 ,1999:25-94.

［053］ Daniel TC. Whither scenic beauty? Visual landscape quality assessment in the 21st century[J]. LANDSCAPE AND URBAN PLANNING 54 (2001): 267-281.

［054］ Bulut Z , Yilmaz H. Determination of waterscape beauties through visual quality assessment method[J]. ENVIRONMENTAL MONITORING AND ASSESSMENT 154 (2009): 459-468.

［055］ Yao YM, Zhu XD, Xu YB, ect.. Assessing the visual quality of green landscaping in rural residential areas: the case of Changzhou, China[J]. ENVIRONMENTAL MONITORING AND ASSESSMENT 2 (2012): 951-967.

［056］ Nassauer JI, Opdam P. Design in science: extending the landscape ecology paradigm[J]. LANDSCAPE ECOLOGY 6 (2008): 633-644.

［057］ Nassauer JI, Wang ZF, Dayrell E. What will the neighbors think? Cultural norms and ecological design[J]. LANDSCAPE AND URBAN PLANNING 3-4 (2009): 282-292.

［058］ Nassauer JI. Landscape as medium and method for synthesis in urban ecological design[J]. LANDSCAPE AND URBAN PLANNING 3 (2012): 221-229.

［059］ Wu JG. Landscape sustainability science: ecosystem services and human well-being in changing landscapes[J]. LANDSCAPE ECOLOGY 6 (2013): 999-1023.

［060］ Joost S, Bonin A, Bruford MW, ect.. A spatial analysis method (SAM) to detect candidate loci for selection: towards a landscape genomics approach to adaptation[J]. MOLECULAR ECOLOGY 18 (2007): 3955-3969.

［061］ Schwartz MK, McKelvey KS. Why sampling scheme matters: the effect of sampling scheme on landscape genetic results[J]. CONSERVATION GENETICS 2 (2009): 441-452.

［062］ Schoville SD, Bonin A, ect.. Adaptive Genetic Variation on the Landscape: Methods and Cases[J]. ANNUAL REVIEW OF ECOLOGY, EVOLUTION, AND SYSTEMATICS 43(2012): 23-43.

［063］ Baguette M, Blanchet S, etc.. Individual dispersal, landscape connectivity and ecological networks[J]. BIOLOGICAL REVIEWS 2 (2013): 310-326.

［064］ Garcia L, Hernandez J, Ayuga F. Analysis of the exterior colour of agroindustrial buildings: a computer aided approach to landscape integration[J]. JOURNAL OF ENVIRONMENTAL MANAGEMENT 1 (2003): 93-104.

［065］ Garcia L, Hernandez J, Ayuga F. Analysis of the materials and exterior texture of agro-industrial buildings: a photo-analytical approach to landscape integration[J]. LANDSCAPE AND URBAN PLANNING 2 (2006): 110-124.

［066］ Margules CR, Pressey RL. Systematic conservation planning[J]. NATURE 405 (2000): 243-253.

［067］谭　晖.城市公园景观设计 [M].重庆：西南师范大学出版社 , 2011.

［068］刘常富 , 李小马 , 韩东 . 城市公园可达性研究——方法与关键问题 [J]. 生态学报 ,2010,30(19):5381-5390.

［069］陶晓丽 , 陈明星 , 张文忠 , 等 . 城市公园的类型划分及其与功能的关系分析——以北京市城市公园为例 [J]. 地理研究 ,2013,32(10):1964-1976.

［070］ David Owen. Green Metropolis: The Benefits of Urban Parks and Trees[M]. New York:Riverhead Books,2009.

［071］ Bridget Vranckx. Urban Landscape Architecture[M]. New York:Rockport Publishers, 2007.

［072］ Roy Rosenzweig, Elizabeth Blackmar. The Park and the People: A History of Central Park[M]. Cornell University Press, 1986.

［073］ Patrick Bowe. Gardens of the Roman World[M]. J. Paul Getty Museum,2004.

［074］ Farrar, Linda. Ancient Roman Gardens[M]. Gloucestershire: The History Press, 2011.

［075］ Simon Schama. Landscape and Memory[M]. New York:Landscape and Memory,2004.

［076］ Grese, Robert E., Jens Jensen, Maker of Natural Parks and Gardens[M]. Maryland:The Johns Hopkins University Press, 1992.

［077］ Waymark, Janet. Modern Garden Design Innovation since 1900[M]. Thames & Hudson, 2003.

［078］ 简·雅各布斯 . 美国大城市的死与生 [M]. 南京：译林出版社 ,2020.

［079］ Catherine Bauer. Modern Housing[M]. University Of Minnesota Press,2020.

［080］ 亨利·列斐伏尔 . 空间的生产 [M]. 北京：商务印书馆 ,2021.

［081］ Richard Sennett. The spaces of democracy[M]. University of Michigan, College of Architecture + Urban Planning,1998.

［082］ Henry Sanoff. Community Participation Methods in Design and Planning[M]. Wiley,1999.

［083］ William H. Whyte. The Social Life of Small Urban Spaces[M]. Project for Public Spaces, Inc. ,2001.

［084］ Roger B Ulrich. Roman Woodworking[M]. Yale University Press,2007.

［085］ Rachel Kaplan, Stephen Kaplan, Robert Ryan. With People in Mind: Design And Management Of Everyday Nature[M]. Island Press,1998.

［086］ Rachel Kaplan, Stephen Kaplan. The experience of nature: a psychological perspective[M]. Cambridge University Press,1989.

［087］ 杰弗里·杰利科 , 苏珊·杰利科 . 图解人类景观 : 环境塑造史论 [M]. 上海：同济大学出版社 , 1992.

［088］ J. William Thompson,Kim Sorvig. Sustainable Landscape Construction: A Guide to Green Building Outdoors [M]. Island Press, 2007.

［089］ David Holmgren. Permaculture: Principles and Pathways Beyond Sustainability [M]. Holmgren Design Services, 2002.

［090］ Kevin Lynch. The Image of the City[M]. MIT Press,1960.

［091］ Simon Schama. Landscape And Memory[M]. Vintage,1996.

［092］ Simon Bell. Landscape : Patterns, Perception and Process[M]. Taylor & Francis,1999.

［093］ Marc Treib. Spatial Recall: Memory in Architecture and Landscape[M]. Routledge,2009.

［094］ Matthew Potteiger, Jamie Purinton. Landscape Narratives: Design Practices for Telling Stories[M]. John Wiley & Sons Inc.,1998.

［095］ Takano T., Nakamura K., Watanabe M.. Urban residential environments and senior citizens' longevity in megacity areas: the importance of walkable green spaces[J]. JOURNAL OF EPIDEMIOLOGY AND COMMUNITY HEALTH 56 (2002): 913-918.

［096］ Lee, A. C. K., Maheswaran, R.. The health benefits of urban green spaces: a review of the evidence[J]. JOURNAL OF PUBLIC HEALTH 2 (2011): 212-222.

［097］ Maas J, Verheij RA, ect.. Green space, urbanity, and health: how strong is the relation? [J]. JOURNAL OF EPIDEMIOLOGY AND COMMUNITY HEALTH 7 (2006): 587-592.

［098］ Hartig T, Mitchell R, ect.. Nature and Health[J]. ANNUAL REVIEW OF PUBLIC HEALTH 35(2014): 207.

［099］ Hilisdon M, Panter J, ect.. The relationship between access and quality of urban green space with population physical activity[J]. PUBLIC HEALTH 12 (2006): 1127-1132.

［100］ Bowler, Diana E., Buyung-Ali, Lisette,ect.. Urban greening to cool towns and cities: A systematic review of the empirical evidence[J]. LANDSCAPE AND URBAN PLANNING 3 (2010): 147-155.

［101］ Chang CR, Li MH , Chang SD. A preliminary study on the local cool-island intensity of Taipei city parks[J]. LANDSCAPE AND URBAN PLANNING 4 (2007): 386-395.

［102］ Gonzalez MT, Kirkevold. Benefits of sensory garden and horticultural activities in dementia care: a modified scoping review[J]. JOURNAL OF CLINICAL NURSING 23 (2013): 2698-2715.

［103］ Whear R, Coon JT, ect.. What Is the Impact of Using Outdoor Spaces Such as Gardens on the Physical and Mental Well-Being of Those With Dementia? A Systematic Review of Quantitative and Qualitative Evidence[J]. JOURNAL OF THE AMERICAN MEDICAL DIRECTORS ASSOCIATION 10 (2014): 697-705.

［104］ Lee Y, Kim S. Effects of indoor gardening on sleep, agitation, and cognition in dementia patients - a pilot study[J]. INTERNATIONAL JOURNAL OF GERIATRIC PSYCHIATRY 5 (2008): 485-489.

［105］ Mexia T, Vieira J , ect.. Ecosystem services: Urban parks under a magnifying glass[J]. ENVIRONMENTAL RESEARCH 160(2018): 469-478.

［106］ Karmeniemi M, Lankila T, ect.. The Built Environment as a Determinant of Physical Activity: A Systematic Review of Longitudinal Studies and Natural Experiments[J]. ANNALS OF BEHAVIORAL MEDICINE 3 (2018): 239-251.

［107］ Wen C, Albert C, Von Haaren C. The elderly in green spaces: Exploring requirements and preferences concerning nature-based recreation[J]. SUSTAINABLE CITIES AND SOCIETY 38(2018): 582-593.

［108］ Hansen R, Olafsson AS, ect.. Planning multifunctional green infrastructure for compact cities: What is the state of practice?[J]. ECOLOGICAL INDICATORS 96(2019): 99-110.

［109］ Rall E, Hansen R, Pauleit S. The added value of public participation GIS (PPGIS) for urban green infrastructure planning[J]. URBAN FORESTRY & URBAN GREENING 40(2019): 264-274.

［110］ Buijs A (Buijs, Arjen), Hansen R (Hansen, Rieke),ect.. Mosaic governance for urban green infrastructure: Upscaling active citizenship from a local government perspective[J]. URBAN FORESTRY & URBAN GREENING 40(2019): 53-62.

［111］ 周维权.中国古典园林史 [M].北京：北京大学出版社，1999.

［112］ （明）计成.园治 [M].南京：江苏文艺出版社，2015.

［113］ 林玉莲，胡正凡.环境心理学 [M].北京：中国建筑工业出版社，2000.

［114］ 阿尔伯特 ·J.拉特德奇.大众行为与公园设计 [M].北京：中国建筑工业出版社，1990.

［115］ 李军生，杨军红，王瑾.基于人群行为心理影响的城市公园设计研究 [J].聊城大学学报（自然科学版），2015.

［116］ 周 进.城市公共空间建设的规划控制与引导 [M].北京：中国建筑工业出版社，

2005.

[117] 曹　磊.基于城市空间品质提升的设计策略——解放公园片区案例的探索 [C].
2016 中国城市规划年会论文集 ,2016.

[118] 莱恩 · 劳森.空间的语言 [M].北京：中国建筑工业出版社，2003.

[119] Anna Chiesura. The role of urban parks for the sustainable city[J]. Landscape and Urban
Planning,2003.

[120] 赵佳钰.城市公园设计中的生态观与文化观的研究 [D].长春：吉林农业大
学 ,2017.

[121] 麦克哈格.设计结合自然 [M].中国建筑工业出版社，1992.

[122] C.亚历山大 ,等.俄勒冈实验 [M].赵冰 ,刘小虎 ,译.北京：知识产权出版
社 ,2000,2-6.

[123] C.亚历山大.建筑的永恒之道 [M].赵冰 ,译.北京：中国建筑工业出版社 ,1989.

[124] 埃米尔涂尔干.宗教生活的初级形式 [M].林宗锦，彭守义 ,译.北京：中央民族
大学出版社 ,1999:10.

[125] 汉语大词典编纂处 ,汉语大词典 [M].上海：上海辞书出版社 ,2010.

[126] 商务国际辞书编辑部.现代汉语词典 [M].北京：商务印书馆 ,2017.

[127] 徐可颖.环境共生与有机秩序 [D].广州：华南理工大学 ,2014.

[128] 许稚菲，曹磊.从人性化角度谈居住区景观设计的审美意趣 [J].河北建筑科技学
院学报，2006（4）:126-127.

[129] 冯 · 哈耶克.自由秩序原理 [M].邓正来译.北京：生活 · 读书 · 新知三联书店，
1997.

[130] C.亚历山大,等.秩序的性质——关于房屋艺术与宇宙性质 [J].建筑师,1989,53-79.

[131] Hagerstrand T. What about people in regional science[J]. Papers and proceedings of the
regional science association, 1970, 24:7-12.

[132] 柴彦威.时间地理学的起源、主要概念及其应用 [J].地理科学 ,1998(01):70-77.

［133］ Carlstein T Parks D Thrift [N]. Timing space and spacing time. vol. 2: Human activity and time geography. London: Ed-ward Arnold, 1978, 2: 208.

［134］ Pred A. The choreography of existence: comments on Hagerstrand's s time-geography and its usefulness[J]. Economic Geography, 1977 (2) : 207-221.

［135］ 柴彦威, 赵　莹 . 时间地理学研究最新进展 [J]. 地理科学 ,2009,29(04):593-600.

［136］ Weber J, Kwan M P. Bring time back in: a study on the influence of travel time variations and facility opening hours on individual accessibility[J]. The Professional Geographer,2002,54:226 -240.

［137］ Ahmed N, Miller H. Time - space transformations of geographic space for exploring, analyzing and visualizing transportation systems [J]. Journal of Transport Geography, 2007,15:2 - 17.

［138］ Peet R. Modern geographical thought. Blackwell Publishers Lt [M]. Oxford, UK. 1998.

［139］ Kwan M P. Is GIS for women? Reflections on the critical discourse in the 1990s [J]. Gender, Place and Culture,2002,9(3):271-279.

［140］ 潘海啸, 沈　青, 张　明 . 城市形态对居民出行的影响 : 上海实例研究 [J]. 城市交通 , 7(6):28-32.

［141］ 周　钱, 李　一, 孟超, 等 . 基于结构方程模型的交通需求分析 [J]. 清华大学学报 (自然科学版） , 2008,48(5): 879-882.

［142］ Zhang M, Sun Q, Chen J, ect.. Travel behavior analysis of the females in Beijing[J]. Journal of Transportation Systems Engineering and Information Technology, 2008,8(2):19-26.

［143］ 柴彦威, 李峥嵘, 刘志林,　等 . 中国城市的时空间结构 [M]. 北京 : 北京大学出版社 ,2002.

［144］ Fang Z, Shaw S-L, Tu W, ect.. Spatiotemporal analysis of critical transportation links based on time geographic concepts: a case study of critical bridges in Wuhan, China[J]. Journal of Transport Geography,2012,23(Suppl.): 44-59.

［145］ Li Q Q, Zhang T, Wang H, ect.. Dynamic accessibility mapping using floating car data: A network-constrained density estimation approach[J]. Journal of Transport Geography,

2011,19(3): 379-393.

[146] Liu Y, Kang C G, Gao S, ect.. Understanding intra-urban trip patterns from taxi trajectory data[J]. Journal of Geographical Systems, 2012,14(4): 463-483.

[147] 龙 瀛,张 宇,崔承印.利用公交刷卡数据分析北京职住关系和通勤出行 [J].地理学报 , 2012, 67(10): 1339-1352.

[148] 赵 慧,于 雷,郭继孚,等.基于浮动车和 RTMS 数据的动态 OD 估计模型 [J].交通运输系统工程与信息 , 2009, 10(1): 72-80.

[149] 李 雄,马修军,王晨星,等.城市居民时空行为序列模式挖掘方法 [J].地理与地理信息科学 , 2009,25(2): 10-14.

[150] 张 艳,柴彦威.基于居住区比较的北京城市通勤研究 [J].地理研究 , 2009,28(5): 1327-1340.

[151] 柴彦威.城市空间 [M].北京 : 科学出版社 , 2000.

[152] 柴彦威,塔娜.中国行为地理学研究近期进展 [J].干旱区地理 ,2011,34(01):1-11.

[153] 周尚意,柴彦威.城市日常生活中的地理学——评《中国城市生活空间结构研究》 [J].经济地理 , 2006, 26(5):896.

[154] 柴彦威,颜亚宁,冈本耕平.西方行为地理学的研究历程及最新进展 [J].人文地理 , 2008, 23 (6):1 -6.

[155] 李 斌.环境行为学的环境行为理论及其拓展 [J].建筑学报 ,2008(02):30-33.

[156] 郭 彬.大学生环境意识与环境行为关系研究 [D].大连 : 大连理工大学 ,2008.

[157] SEBASTIAN B, GUIDO M. Twenty years after Hines, Hungerford, and Tomera: a new meta analysis of psycho-social determinants of pro-environmental behavior[J]. Journal of Environmental psychology,2007,27:14-25.

[158] 柴彦威,李峥嵘,史中华.生活时间调查研究回顾与展望 [J].地理科学进展 ,1999(01):70-77.

[159] 中国大百科全书社会学编辑委员会.中国大百科全书—— 社会学 [M].北京：中国大百科全书出版社 ,1991.

［160］Taylor, Frederick W. The Principles of Scientific Management[M]. New York: Harper and Brothers, 1911.

［161］Jones P M. The practical application of activity- based approaches in t transport planning: an assessment[M]. Carpenter S, Jones P M eds., Recent Advances in Travel Demand Analysis. Gower, 56-78.

［162］Giddens A. The Constitution of Society: Out line of the Theory of Structuration. Cambridge[M]: Polity Press, 1984.402.

［163］王琪延 . 中国城市居民生活时间分配分析 [J]. 社会学研究 ,2000(04):86-97.

［164］徐磊青 , 刘念 , 卢济威 . 公共空间密度、系数与微观品质对城市活力的影响——上海轨交站域的显微观察 [J]. 新建筑 ,2015(04):21-26.

［165］姚如娟 . 城市开放空间活力场研究 [D]. 合肥 : 合肥工业大学 ,2012.

［166］丁　宁 . 论建筑场 [M]. 北京 : 中国建筑工业出版社 ,2010.

［167］亨利·列斐伏尔 . 现代世界中的日常生活 [M]. 北京 : 中央编译出版社 ,2006.

［168］柴彦威 . 中国城市的时空间结构 [M]. 北京 : 北京大学出版社 , 2002.

［169］申　悦 , 柴彦威 , 郭文伯 . 北京郊区居民一周时空间行为的日间差异 [J]. 地理研究 ,2013,32(04):701-710.

［170］柯文前 , 俞肇元 , 陈　伟 , 等 . 人类时空间行为数据观测体系架构及其关键问题 [J]. 地理研究 ,2015,34(02):373-383.

［171］蔡晓梅 , 赖正均 . 广州居民在外饮食消费行为的时空间特征研究 [J]. 人文地理 ,2008(03):79-84.

［172］Chapin F.S.Human activity patterns in the city[M].NY:John Wiley and Sons, 1974.

［173］Hagerstrand T.What about people in regional science[J]. Pa-pers and proceedings of the regional science association, 1970 (24) :7-21.

［174］Cullen I G.The treatment of time in the explanation of spatial behavior[A]. InCarlstein T., Parkes D.and Thrift N. (Eds.) .Human activity and Time Geography[M].London:Edward Arnold, 1978.

[175] MOORE G T. Environment and behavior research in North America: History, developments, and unresolved issuesM. STOKOLS D, ALTMANI. Handbook of environmental psychology[M]. New York: John Wiley and Sons,1987: 1359-1410.

[176] Gary T. Moore. Environment, Behavior and Society: A Brief Look at the Field and Some Current EBS Research at the University of Sydney[C]. Proceedings of the 6th International Conference of the Environment-Behavior Research Association (China),2006.

[177] Simpson, H.. Mapping Users'Activities and Space Preferences in the Academic Business Library [D]. University of Alberta, Canada. 2007.

[178] Bahillo, A., Marusic, B.G., Perallos, A.. December. A mobile application as an unobtrusive tool for behavioral mapping in public spaces. In: International Conference on Ubiquitous Computing and Ambient Intelligence[M]. Cham, Switzerland: Springer. 2015, 13 – 25.

[179] Vuokko Heikinheimo, Henrikki Tenkanen, Claudia Bergroth, Olle Järv, Tuomo Hiippala, Tuuli Toivonen, Understanding the use of urban green spaces from user-generated geographic information[J]. Landscape and Urban Planning,2020(201).

[180] Hyun In Jo, Jin Yong Jeon,The influence of human behavioral characteristics on soundscape perception in urban parks: Subjective and observational approaches[J]. Landscape and Urban Planning,2020(203).

[181] Keunhyun Park, Keith Christensen, Doohong Lee,Unmanned aerial vehicles (UAVs) in behavior mapping: A case study of neighborhood parks[J]. Urban Forestry & Urban Greening, 2020(52):126.

[182] Fjortoft, I., Kristoffersen, B., Sageie, J.. Children in schoolyards: tracking movement patterns and physical activity in schoolyards using global positioning system and heart rate monitoring[J]. Landsc. Urban Plan,2009,93 (3-4):210 – 217.

[183] Ledingham, J.E., Chappus, F.T.. Behavior mappings of children's social interactions: the impact of the play environment[J]. Canad. J. Res. Early Childhood Educ.,1986, 137 – 148

[184] Rivlin, L.G., Rothenberg, M.. The use of space in open classrooms. In: Ittelson, W.H., Rivlin, L.G. (Eds.), Environmental Psychology: People and Their Physical Settings[M]. Rinehart & Winston, New York, NY,1976,479 – 489.

[185] Hampton, K.N., Livio, O., Sessions Goulet, L.. The social life of wireless urban spaces: internet use, social networks, and the public realm[J]. J. Commun. , 2010,60 (4):701－722.

[186] Cox, A., Loebach, J., Little, S.. Understanding the nature play milieu: using behavior mapping to investigate children' s activities in outdoor play spaces[J]. Child. Youth Environ, 2018,28 (2):232－261.

[187] Moore, R.C., Cosco, N.G.. What makes a park inclusive and universally designed? A multimethod approach [A] .In: Ward Thompson, C., Travlou, P. (Eds.), Open Space: People Space[C]. Taylor & Francis, Abingdon,2007,85－110.

[188] Refshauge, A.D., Stigsdotter, U.D., Petersen, L.S.. Play and behavior characteristics in relation to the design of four danish public playgrounds[J]. Child. Youth Environ,2013, 23(2): 22－48.

[189] Drown, K.K.C., Christensen, K.M.. Dramatic play affordances of natural and manufactured outdoor settings for preschool-aged children[J]. Child. Youth Environ,2014,24 (2):53－77.

[190] Yalowitz, S.S., Bronnenkant, K.. Timing and tracking: unlocking visitor behavior[J].Visit. Stud, 2009,12 (1):47－64.

[191] Milke, D.L., Beck, C.H., Danes, S., Leask, J.. Behavior mapping of residents' activity in five residential style care centers for elderly persons diagnosed with dementia: small differences in sites can affect behaviors[J]. J. Hous. Elderly,2009,23 (4):335－367.

[192] Bernhardt, J., Dewey, H., Thrift, A., Donnan, G.. Inactive and alone: physical activity within the first 14 days of acute stroke unit care[J]. Stroke,2004,35 (4):1005－1009.

[193] Lincoln, N.B., Willis, D., Philips, S.A., Juby, L.C., Berman, P.. Comparison of rehabilitation practice on hospital wards for stroke patients[J]. Stroke,1996,27 (1):18－23.

[194] Lynch, K., Hack, G.. Site Planning[M]. MA:MIT Press,Cambridge,1984.

[195] Larson, J.S., Bradlow, E.T., Fader, P.S.. An exploratory look at supermarket shopping paths[J]. Int. J. Res. Mark.,2005,22(4):395－414.

[196] 柴彦威, 谭一洺, 申悦, 等 . 空间——行为互动理论构建的基本思路 [J]. 地理研究. 2017, 36(10) :1959-1970.

[197] Parkes D, Thrift N.Times, spaces and places[M]. New York:John Wiley,1980.

[198] 吴良镛 . 北京旧城与菊儿胡同 [M]. 北京： 中国建筑工业出版社 ,1994.

[199] 钱振澜 . "韶山试验"——乡村人居环境有机更新方法与实践 [D]. 杭州： 浙江大学 ,2015.

[200] 孙　莉 . 基于城市文脉构建有机秩序 [D]. 北京： 北京林业大学 ,2007.

[201] 梁静娴 . 基于城市有机秩序的中心区建筑群体空间研究 [D]. 长沙： 湖南大学 ,2011.

[202] 徐可颖 . 环境共生与有机秩序 [D]. 广州： 华南理工大学 ,2014.

[203] 金秋平 . 城市有机更新下城市棚户区改造中公共空间的重构 [D]. 成都： 西南交通大学 ,2016.

[204] 郑晓薇 , 龚兆仁 . 基于 T.Cover 模型的时间分层决策矩阵算法 [J]. 计算机工程 ,2002(02):142-143+151.

[205] 邱宜宁 . 面向多通道时间序列的分层 IB 算法 [D]. 郑州： 郑州大学 ,2017.

[206] 张庆胜 , 程登峰 , 郭向国 , 等 . 时间分层的基于身份密码技术的算法和系统 [J]. 计算机工程与设计 ,2009,30(24):5591-5593.

[207] 王尚斌 , 王立峰 , 李洪海 , 等 . 风电功率时间分层组合预测优化方法 [J]. 山东电力技术 ,2020,47(09):20-24.

[208] 赵林林 , 朱梦圆 , 冯龙庆 , 等 . 太湖水体理化指标在夏季短时间尺度上的分层及其控制因素 [J]. 湖泊科学 ,2011,23(04):649-656.

[209] 张彩霞 , 刘志东 , 张斐斐 , 等 . 时间分层病例交叉研究的 R 软件实现 [J]. 中国卫生统计 ,2016,33(03):507-509.

[210] 王洪波 , 韦安明 , 林　宇 , 等 . 流测量中基于测量缓冲区的时间分层分组抽样 [J]. 软件学报 ,2006(08):1775-1784.

[211] 李双琴 , 谢　锐 , 曹文琛 , 等 . 基于多维分层采样的时间维度型大数据流整合系统设计 [J]. 现代电子技术 ,2020,43(05):133-136+140.

[212] 李　宁 , 纪　威 , 俞延峰 , 等 .SAS 宏程序在时间分层病例交叉设计资料整理中的

应用 [J]. 中国医院统计 ,2019,26(03):175-178.

[213] 陈华辉 , 施伯乐 . 时间序列流的分层段模型 [J]. 小型微型计算机系统 ,2009,30(04):577-585.

[214] 汤敏芳 . 城市休闲绿地使用调查——以上海市四平路鞍山新村休闲绿地为例 [J]. 中外建筑 ,2008(07):103-105.

[215] 刘 亮 , 郑振华 . 空间 · 活动 · 场所——重庆沙坪坝三峡广场空间特征及使用状况浅析 [J]. 四川建筑 ,2005(02):9-10.

[216] 汤敏芳 . 城市休闲绿地使用调查——以上海市四平路鞍山新村休闲绿地为例 [J]. 中外建筑 ,2008(07):103-105.

[217] 陈雅珊 , 魏亮亮 , 黄林生 . 城市公园坐憩空间的适老性评价——以厦门市中山公园为例 [J]. 厦门理工学院学报 ,2017,25(01):60-67.

[218] 陈 渝 . 城市游憩规划的理论建构与策略研究 [D]. 广州 : 华南理工大学 ,2013.

[219] E N Lorenz. Deterministic nonperiodic flow[J]. Journal of the Atmospheric Sciences,1963, 20:130－141.

[220] 芦原义信 . 东京的美学 : 混沌与秩序 [M]. 刘彤彤 , 译 . 武汉 : 华中科技大学出版社 , 2019.

[221] 刘滨谊 . 景观规划设计三元论 [J]. 中国标识 ,2005(01):46-48.

[222] 刘滨谊 . 景观规划设计三元论——寻求中国景观规划设计发展创新的基点 [J]. 新建筑 ,2001(05):1-3.

[223] 李 农 , 王钧锐 . 植物照明的生态环保研究 [C]. 中国科学技术协会 . 中国科协第 249 次青年科学家论坛——照明对生态环境影响的量化观测与评价报告文集 . 中国科学技术协会 : 中国照明学会 ,2012:120-130.

[224] GB3096-2008, 声环境质量标准 [S].

[225] 许婧婧 . 社区公共活动空间规划研究 [D]. 合肥 : 合肥工业大学 ,2017.

[226] 孟 琪 , 赵婷婷 . 广场舞活动对城市开放空间声景观的影响 [A]. 中国声学学会 .2016 年全国声学学术会议论文集 [C]. 中国声学学会 : 中国声学学会 ,2016:5.

[227] 刘昱初 . 人体工程学与室内设计 [M]. 北京：中国电力出版社，2013.

[228] 章　曲 . 人体工程学 [M]. 北京：北京理工大学出版社，2018

[229] 邵钰涵 , 刘滨谊 . 城市街道空间小气候参数及其景观影响要素研究 [J]. 风景园林 ,2016(10):98-104.

[230] ELIASSON I. The Use of Climate Knowledge in Urban Planning[J]. Landscape & Urban Planning, 2000,48(1-2):31-44

[231] Parham A. Mirzaei, Fariborz Haghighat. Approaches to study Urban Heat Island － Abilities and limitations[J]. Building and Environment,2010 (10).

[232] 吕鸣杨 . 城市公园小型水体小气候效应实测分析 [D]. 杭州：浙江农林大学 ,2019.

[233] 张德顺 , 丽莎 · 萨贝拉 , 王　振 , 等 . 上海 3 个公园园林小气候的人体舒适度测析 [J]. 风景园林 , 2018, 25(08):97-100.

[234] 庄晓林 . 杭州白塔公园小气候实测分析及舒适度研究 [D]. 杭州：浙江农林大学 ,2018.

[235] 姚　彤 . 北京中心城区社区公园热舒适度与活动行为关联性研究 [D]. 北京：北方工业大学 ,2020.

[236] 赖　寒 , 冯娴慧 . 基于树冠荫蔽度和植物围合度的植物群落与微气候效应相关性研究——以广州市林科院实测为例 [J]. 城市建筑 ,2018(33):98-102.

[237] 晏　海 . 城市公园绿地小气候环境效应及其影响因子研究 [D]. 北京：北京林业大学 ,2014.

[238] 孙　欣 . 城市中心区热环境与空间形态耦合研究 [D]. 南京：东南大学 ,2015.

[239] 张芯蕊 . 基于 ENVI-met 的城市公园绿地热舒适度改善策略研究 [D]. 保定：河北农业大学 ,2020.

[240] 晏　海 . 城市公园绿地小气候环境效应及其影响因子研究 [D]. 北京：北京林业大学 ,2014.

[241] 柏　春 , 方　圆 , 莫天伟 . 小气候对人的环境行为影响研究——以上海淮海公园前广场为例 [J]. 新建筑 ,2006(01):78-81.

［242］李孟柯.西安城市户外公共空间植物小气候效应及其设计应用初探 [D].西安：西安建筑科技大学,2015.

［243］姚　栋.老龄化趋势下特大城市老人居住问题研究 [D].上海：同济大学,2005.

［244］陈柏泉.从无障碍设计走向通用设计 [D].北京：中国建筑设计研究院,2004.

［245］谭露露.城市社区户外交往空间通用设计研究 [D].株洲：湖南工业大学,2014.

［246］兰斯.杰.布朗.城市化时代的城市设计 [M].奚雪松等,译.北京：电子工业出版社，2012.

［247］迪特尔 · 普林茨.城市设计——设计建构 [M].吴志强,等,译.北京：中国建筑工业出版社，2010.

［248］芦原义信.外部空间设计 [M].尹培桐,译.北京：中国建筑工业出版社,2019.

［249］Hall Edward. The Hidden Dimension[M]. Doubleday & Company, Inc, New York, 1966.

［250］http://lhsr.sh.gov.cn/sites/lhsr/yuyindaohang.aspx?ctgId

［251］ZHANG Ziran. The Strategic Research on Organic Order Design in Community Parks of Aging Society——Based on Shanghai Minxing Park. 中国空间行为学会 (EBRA)、重庆大学.第十二届空间行为研究国际学术研讨会论文集 [C].中国空间行为学会 (EBRA)、重庆大学：重庆大学建筑城规学院,2016:6.

［252］上海市绿化和市容管理局官方网站网址：http://lhsr.sh.gov.cn/sites/ShanghaiGreen/qiantao/gongyuan.aspx?ctgId=fc012eac-3c02-4612-93d1-64e8218617e6

［253］孙　良,骆小庆,黄佳喻.行列式单位住区户外空间形态与交往行为研究 [J].现代城市研究,2017(08):25-30.

［254］刘　李.城市公园空间环境中老年人交往行为特征研究——以重庆市主城区沙坪公园和鹅岭公园为例 [C].2018 中国城市规划年会论文集（10 城市影像）.中国城市规划学会、杭州市人民政府：中国城市规划学会,2018:39-52.

［255］Grajewski T, Vaughan L. Observation Manual Research[M]. London: University College London, 2001: 70-72.

[256] 顾至欣, 陆明华, 张 宁. 基于行为注记法的休闲街区夜间旅游活动研究 [J]. 地域研究与开发 ,2016, 35(03):86-91.

[257] 吴昊雯. 基于行为注记法的公园使用者时空分布与空间行为研究 [D]. 杭州: 浙江大学 ,2013.

[258] Hansen W G. How accessibility shapes land use[J]. Jam Inst Planners, 1959, 15: 3-6.

[259] 钱 云, 李士博. 国内城市公园绿地可达性研究进展 [J]. 西部皮革 ,2019,41(10):47.

[260] 李小马, 刘常富. 基于网络分析的沈阳城市公园可达性和服务 [J]. 生态学报 , 2009, 29(3): 1554-1562.

[261] 俞孔坚, 段铁武, 李迪华, 等. 景观可达性作为衡量城市绿地系统功能指标的评价方法与案例 [J]. 城市规划 , 1999, 23 (8) :8-11.

[262] 黄 翌, 胡召玲, 王健等. 基于 GIS 的徐州主城区公共绿地可达性研究 [J]. 徐州师范大学学报 (自然科学版), 2009, 27(3):72-75.

[263] 胡志斌, 何兴元, 陆庆轩, 等. 基于 GIS 的绿地景观可达性研究 — 以沈阳市为例 [J]. 沈阳建筑大学学报 (自然科学版), 2005, 21(6): 671-675.

[264] Nicholls S. Measuring the accessibility and equity of public parks: a case study using GIS [J]. Managing Leisure ,2001, 6(4): 201 -219.

[265] Corry R C, Lafortezza R. Sensitivity of landscape measurements to changing grain size for fine-scale design and management [J]. Landscape and Ecological Engineering ,2007, 3(1): 47 - 53.

[266] 陈永生, 黄庆丰, 章裕超, 等. 基于 GIS 的合肥市中心城区绿地可达性分析评价 [J]. 中国农业大学学报 , 2015, 20(02):229-236.

[267] 马林兵, 曹小曙. 基于 GIS 的城市公共绿地景观可达性评价方法 [J]. 中山大学学报 (自然科学版), 2006(06):111-115.

[268] 尹海伟, 孔繁花. 济南市城市绿地可达性分析 [J]. 植物生态学报 ,2006(01):17-24.

霍山公园广场两组小群（作者自摄）　　　　　和平公园广场两组小群（作者自摄）

图 3.1-17 同一广场上的不同小群间保持一定间距

图 3.1-18 太极老师的服装　　　图 3.1-19 舞蹈老师服装　　　图 3.1-20 领操老师的服装
（作者自摄）　　　　　　　（作者自摄）　　　　　　　（作者自摄）

清涧公园中结伴走圈的人　　　　　　　闵行体育公园中结伴出游搭帐篷的人

图 3.1-22 较大规模"无组织小群"中的"有组织小群"（作者自摄）

图 3.1-23 不同公园中呈现的"自聚集小群"和"个人"两种秩序状态 (作者自摄)

表 6.2-2 三种活动分类的标示图示

活动分类	标示图示
有组织小群活动	▲
自聚集小群活动	✕
个体活动	●

霍山公园2019年03月29日 ｜ 莘庄公园2019年03月29日
曹杨公园2019年03月31日 ｜ 景谷园2019年04月26日

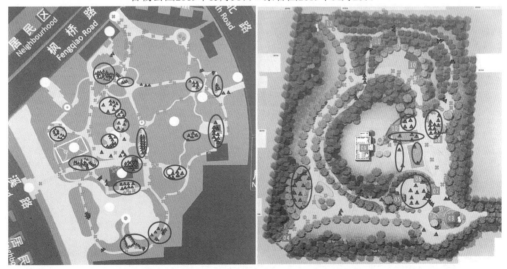

图 3.2-2 四个公园的分时行为注记结果（07:30~08:30 时段）

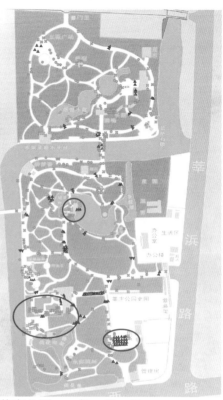

霍山公园2019年03月29日 ╋ 莘庄公园2019年03月29日
曹杨公园2019年03月31日 ╋ 景谷园2019年04月26日

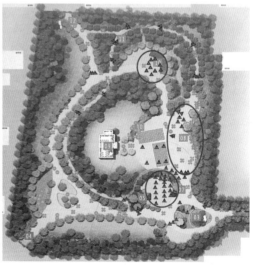

图 3.2-3 四个公园的分时行为注记结果（08:30~09:30 时段）

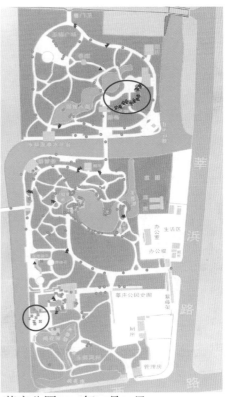

霍山公园2019年03月29日 莘庄公园2019年03月29日
曹杨公园2019年03月31日 景谷园2019年04月26日

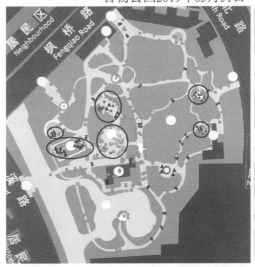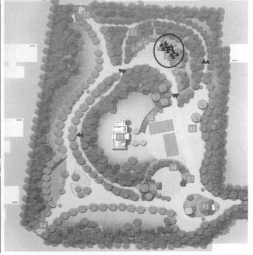

图 3.2-5 四个公园的分时行为注记结果（13:00~15:00 时段）

霍山公园2019年03月29日 ┼ 莘庄公园2019年03月29日
曹杨公园2019年03月31日 ┼ 景谷园2019年04月26日

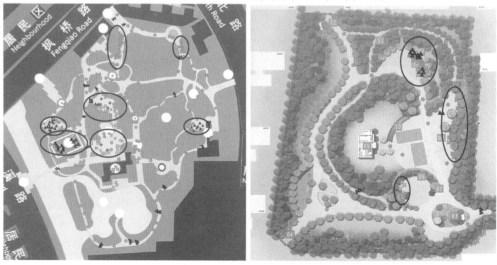

图 3.2-6 四个公园的分时行为注记结果（15:00~17:00 时段）

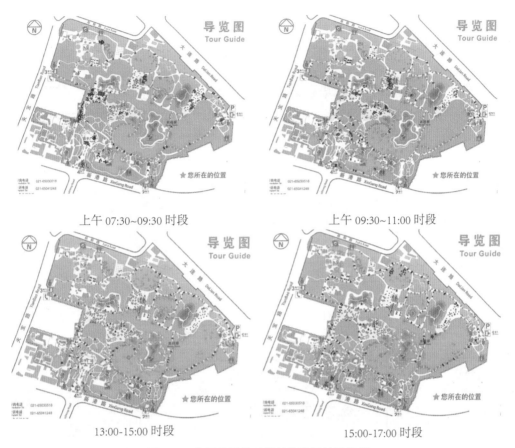

上午 07:30~09:30 时段   上午 09:30~11:00 时段

13:00-15:00 时段   15:00-17:00 时段

图 3.2-11 和平公园分时段行为注记统计结果

上午 07:30~08:30 时段   13:00~15:00 时段

图 3.2-10 民星公园分时段行为注记统计结果（部分）

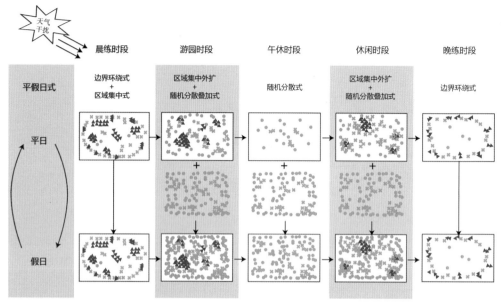

图 3.3-1 城市公园微观有机秩序模式

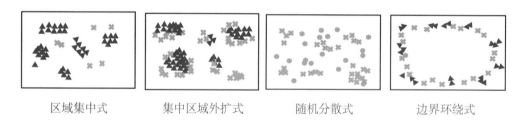

区域集中式　　　集中区域外扩式　　　随机分散式　　　边界环绕式

图 3.3-2 有机秩序模式的四种基本构成形态

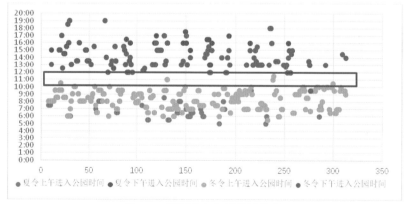

图 5.3-8 游客进入公园时间分布

表 4.2-2 曹杨公园分别在晨练、游园、午休、休闲、晚练时段空间行为注记结果

晨练 7:30~8:30
边界环绕叠加区域集中式

晨练 8:30~9:30
边界环绕叠加区域集中式

游园 9:30~11:00
集中区域外扩与随机分散叠加式

午休 13:00~15:00
随机分散式

休闲 15:00~17:00
集中区域外扩与随机分散叠加式

晚练 18:30~20:00
边界环绕式

表 4.2-3 和平公园五一假期空间行为注记结果

晨练 7:30~9:30
分为边界环绕叠加区域集中式

游园 9:30~11:00
集中区域外扩与随机分散叠加式

午休 13:00~15:00
随机分散式

休闲 15:00~17:00
集中区域外扩与随机分散叠加式

晚练 18:30~20:00
边界环绕式

图 4.4-9 冬季和平公园上午 9:30~11:00 行为注记结果

图 6.1-5 曹杨公园合唱小群，练习者呈聚集状，从中心往外扩散，超出空间边界（作者自摄）

图 6.1-6 和平公园音乐演奏观众从长廊两侧一直延伸到外侧（作者自摄）

图 6.1-7 古华园（上）闵行体育公园（下左）黎安公园（下右）中搭帐篷的人们（作者自摄）

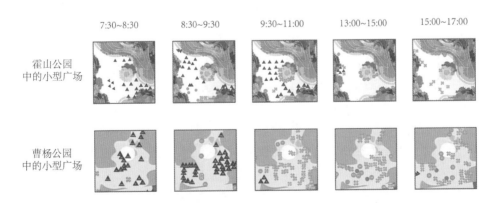

图 6.2-2 霍山公园和曹杨公园不同时段小型广场分时行为注记录结果比较

7:30~8:30　　　8:30~9:30　　　9:30~11:00　　　13:00~15:00　　　15:00~17:00

霍山公园
中的凉亭

曹杨公园
中的凉亭

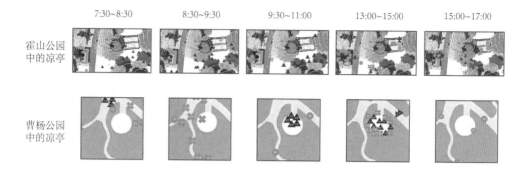

图 6.2-3 霍山公园和曹杨公园不同时段公园凉亭分时行为注记录结果比较

7:00~9:00　　　9:00~11:00　　　13:00~15:00　　　15:00~17:00

冬令时

夏令时

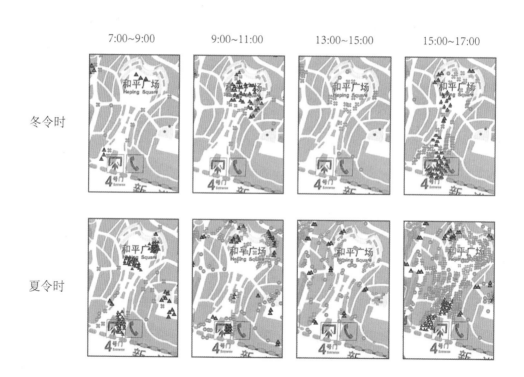

图 6.2-5 和平公园入口处广场冬夏令时段空间——行为注记结果

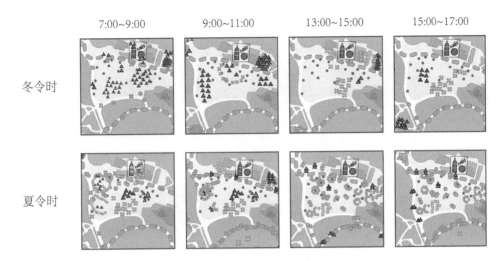

图 6.2-6 和平公园内部广场冬夏令时段空间——行为注记结果

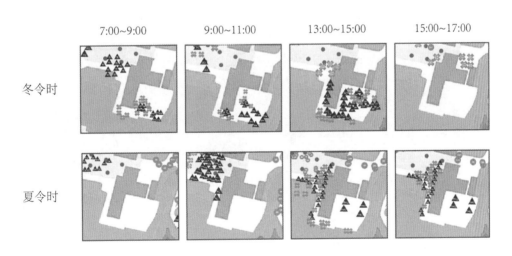

图 6.2-7 和平公园凉亭处冬夏令时段空间——行为注记结果

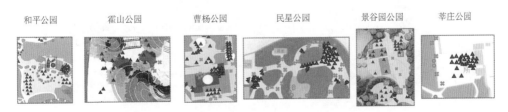

图 6.2-8 各公园空间行为的区域集中式形态

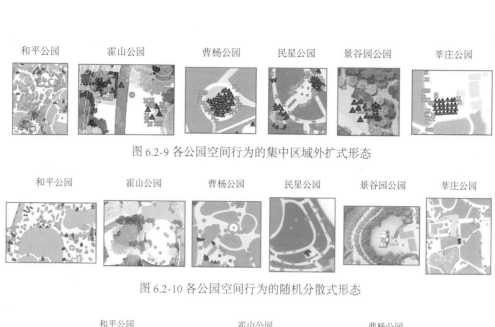

和平公园　霍山公园　曹杨公园　民星公园　景谷园公园　莘庄公园

图 6.2-9 各公园空间行为的集中区域外扩式形态

和平公园　霍山公园　曹杨公园　民星公园　景谷园公园　莘庄公园

图 6.2-10 各公园空间行为的随机分散式形态

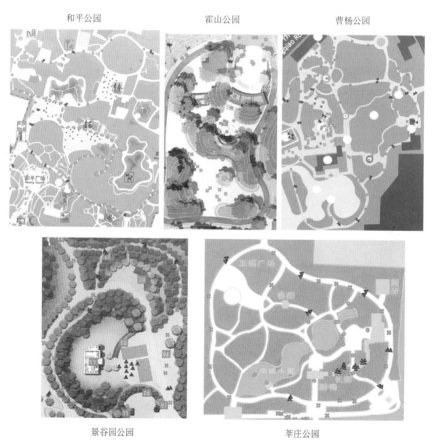

和平公园　　　　　霍山公园　　　　　曹杨公园

景谷园公园　　　　　　　　莘庄公园

图 6.2-11 各公园空间行为的边界环绕式形态